한국의
면진 건축

(사)한국면진제진협회

머리말

최근 성능기반 내진설계 개념의 도입과 적용에 따라 설계 대상 건축물에 대한 내진 전략이 더욱 다양화 및 맞춤화되는 가운데, 이에 대응하기 위한 내진설계 방식의 고도화 방안이 요구되고 있습니다. 특히, 국내에는 반도체공장과 같은 첨단생산시설, 원자력발전소, 데이터센터, 종합병원 등 사회안전과 경제적 차원에서 중추적 역할을 하는 대규모 건축물들에 대한 수요가 높아지고 있으며, 이러한 시설들은 진동환경에 민감하여 더욱 높은 차원의 내진성능이 요구됩니다. 또한, 이러한 시설들은 복잡하고 다양한 종류의 비구조요소들을 포함하고 있어 지반에서 전달되는 지진에너지가 구조물에 전달되기 전에 충분히 차단될 수 있도록 하는 면진설계 방식이 적극적으로 고려되고 있습니다.

(사)한국면진제진협회에서는 지난 20여 년간 역량 있는 학계 및 실무기술자들을 아우르는 엔지니어 그룹을 형성하여 국내 내진설계기술 수준을 한 단계 높이고, 국내 현실에 맞는 면진 및 제진기술을 소개하고 발전시키기 위해 현장 중심의 다양한 활동을 펼쳐왔습니다. 이번에 출간되는 '한국의 면진건축'에서는 국가보안 시설들을 제외한 그간 국내에서 설계 및 시공된 14개 대표 면진건축물들을 소개하면서 국내 면진기술의 발전 동향을 알리고 나아가 미래 면진설계기술의 방향성을 모색하고자 하였습니다. 특히, '한국의 면진건축'의 출간을 위해 동일고무벨트(주), (주)에코닝, 유니슨HKR(주), (주)한국건축구조연구원, (주)한국방재기술 기술진들의 적극적인 협조가 있었으며, 이에 깊은 감사를 드립니다.

2016년과 2017년에 경주와 포항에서 연이어 발생한 지진과 함께 최근 국내에서는 다수의 중약진 지진들이 지속적으로 발생하고 있습니다. 이에 국내 지진 및 구조공학계의 연대적 역할과 책임은 건축물들의 내진성능을 충분히 확보함으로써 앞으로 발생할 수 있는 강진으로부터 국민의 생명과 재산을 지키고, 나아가 국가지진재난복원력을 개선할 수 있는 지진방재환경을 구축하는 것이라 할 수 있습니다. 최근까지, 일본, 미국, 뉴질랜드, 중국, 이탈리아 등 면진설계 전략을 적극적으로 적용한 국가들은 자국에서 발생한 지진재해 상황에서 건축물들의 획기적인 지진피해 저감효과를 확인하면서 차세대 내진설계 방안으로서의 면진설계기술의 입지를 증명하고 있습니다. 이에 이번 '한국의 면진건축'의 출간을 통해 국내에서도 건축물 면진기술이 보다 광범위하게 도입 및 적용됨으로써 국내 주요 시설물들의 내진성능 개선에 크게 기여할 수 있기를 기대합니다.

2023년 7월

(사)한국면진제진협회 회장 **오 상 훈**

(사)한국면진제진협회 설계기준위원회 위원장 **최 민 호**

목차

CHAPTER 1

면진구조의 필요성 및 개념

CHAPTER 2

기초의 면진화를 위한 한국의 전통 그렝이 공법

CHAPTER 3

면진건축물 설계 사례

CHAPTER 01

면진구조의 필요성 및 개념

CHAPTER 01

면진구조의 필요성 및 개념

1.1 한국의 지진발생 위험도 증가

2016년 9월 12일 우리나라 계기 지진 관측 사상 가장 큰 규모(M=5.8)였던 9.12 경주지진에 이어 1년을 조금 넘긴 지난 2017년 11월 15일 두 번째로 강력한 규모 5.4의 지진이 포항에서 또다시 발생해 국민의 지진에 대한 공포와 두려움은 더욱 커졌고, 실질적으로 수능의 연기를 포함한 큰 피해와 많은 이재민을 발생시켰다. 경주 및 포항지진의 지진파는 특성상 단주기파이기 때문에 피해 대부분이 1~5층 규모의 저층 건축물에 집중된 사실이 밝혀졌다. 이를 통해 이제 지진이 남의 나라 얘기가 아니라 삶에 직면한 실질적인 우리의 문제가 된 것임을 알 수 있다. 하지만 이러한 상황에도 우리나라의 구조물에 대한 지진 대비는 내진 선진국과 비교하면 상대적으로 부족한 편이다.

고유주기가 짧은 1~5층 건축 구조물은 고유주기가 긴 교량, 빌딩 등의 대형 구조물보다 고유주기가 짧은 지진에 더 취약하고 붕괴 가능성 또한 더 높은 것으로 알려져 있다. 2018년 개정된 건축법시행령 제 32조(구조 안전의 확인)에서는 층수가 2층 이상인 건축물, 연면적이 200m^2 이상인 건축물 등에 대해서는 설계 시 지진 안전여부를 확인하게 되어 있다. 따라서, 향후 시공될 일반 주거용 건축 구조물을 포함한 모든 건축물의 설계 시에는 지진 대비 설계 및 설비가 의무적으로 고려되어야 한다.

국내의 지진은 경주 및 포항지진을 계기로 2016년부터 누적 지진 발생횟수가 매우 증가하고 있으며(그림 1.1.1), 주변 강진지역에서의 지진발생으로 기인한 강한 여진의 발생 가능성이 상존하므로 지속적인 지진에 대비한 설계가 필요하다.

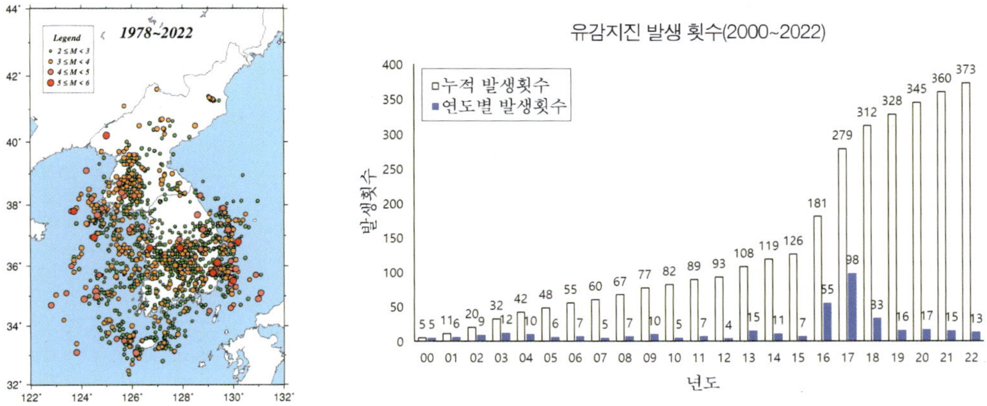

(a) 지진규모 및 진앙분포 (b) 지진발생 분포

그림 1.1.1 한국의 진앙 및 지진발생 분포

(a) 경주지진('16.9.12) 피해 사례

(b) 포항지진('17.11.15) 피해 사례

그림 1.1.2 경주지진(2016) 및 포항지진(2017) 피해사례

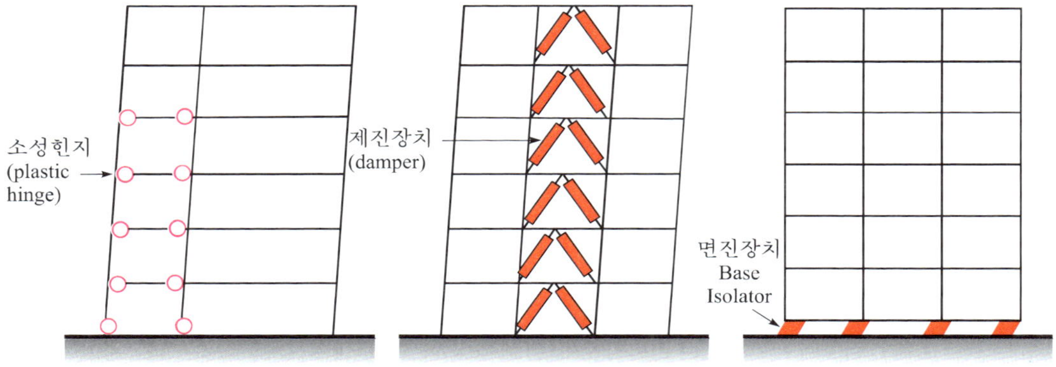

그림 1.1.3 내진, 제진 및 면진구조의 거동

1.2 면진구조의 필요성

지진을 대비하는 구조시스템은 크게 내진, 제진 및 면진 구조(지진 격리 구조)로 분류할 수 있다. 내진구조는 구조물 자체가 지진력에 대응하는 구조이며 제진 및 면진 구조는 지진에너지를 흡수하는 기기를 사용하거나 구조물과 지반을 격리시켜 구조물의 주기를 장주기화 함으로써 지진 가속도 및 변위로부터 구조물을 보호하는 구조이다. 아직까지 국내에서는 부재의 내력과 단단하고 두꺼운 구조를 이용한 내진구조가 주를 이루고 있다.

하지만 앞으로는 안전성과 더불어 안정성, 경제성, 심미성을 종합적으로 고려한 결과를 바탕으로 면진구조의 적용이 늘어날 전망이다. 내진구조의 경우 지면과 구조물 전체가 강하게 연결되어 있으므로 지반의 진동 및 가속도가 상부층에 그대로 전달되며, 이는 건축 구조물의 내부 구조물 및 배관 파괴, 균열 발생 등의 위험 가능성을 가지고 있다. 또한, 고층으로 갈수록 진동가속도 및 변위가 증폭될 수 있다. 그에 반해 면진구조는 면진장치의 거동으로 구조물에 진동 및 가속도가 감소되어 전달되며 전 층에 걸쳐 감쇠된 진동가속도 및 변위를 나타낸다. 또한, 내진구조에서는 구조물의 강성을 높이기 위해 구조물의 뼈대 및 지지가 거대해질 수 있는 반면 면진구조에서는 그러한 보강이 필요 없으므로 경제성과 심미성을 동시에 만족시킬 수 있다.

한국에서도 최근 면진구조가 다수 설계되고 있는데, 대부분 데이터센터 건물이 주를 차지하고 있다. 데이터센터는 지진피해가 발생하면 막대한 손실뿐만 아니라 공공안전에 대한 위험을 초래할 수 있는 중요한 시설이기 때문이다. 일본면진구조협회에서 발표한 자료를 살펴보면, 2017년까지 누적으로 4,500동 이상의 면진구조가 설계되었다. 건물의 용도를 살펴

보면 공동주택이 가장 큰 분포를 차지하고 있으며, 그 다음이 병원시설인 것을 알 수 있다. 병원에 있는 사람들은 환자들을 다수 포함하고 있으므로 지진 시 대피에 대한 대비를 더욱 잘 갖춰야 하는 시설이다. 2023년 발생한 튀르키예 지진('23. 2.6)에서 면진구조를 채택한 병원건물이 지진피해가 없이 안전하게 보호된 사례는 그 의미가 남다르다고 할 수 있다.

따라서 국가적으로 매우 중요한 시설(mission critical buildings)인 데이터센터, 병원건물, 위험물처리시설, 공공안전센터(소방서, 경찰서, 주요 관공서 등) 및 군사시설 등은 지진피해 시에 공공의 안전을 심각히 저해할 수 있으므로 이에 대한 대비가 절실하며, 내진설계 시 면진구조의 채택을 심각히 고려할 필요성이 있다.

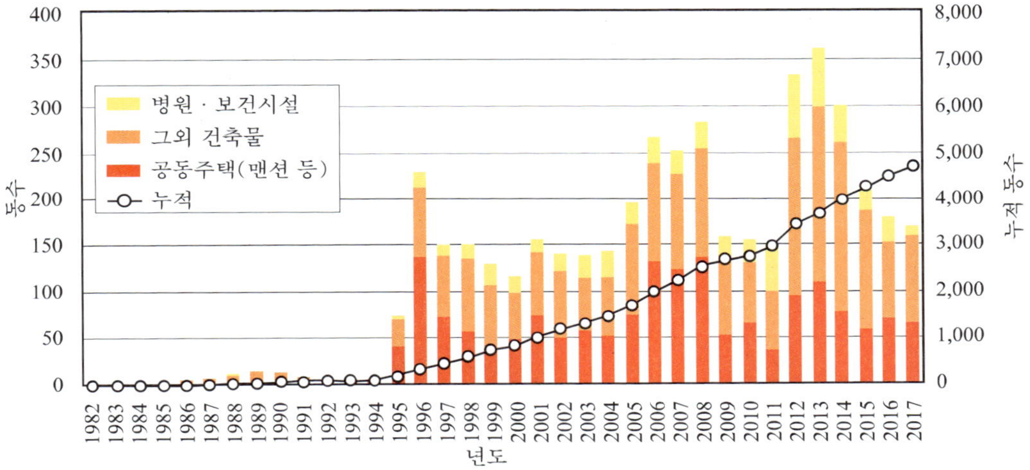

그림 1.2.1 일본의 건물 용도별 면진적용 추이(일본면진구조협회, 2017)

1.3 면진구조의 개념

면진(免震)은 지진(地震)을 면(免)한다는 뜻으로 이해하면 쉽다. 지진을 면하는 가장 쉬운 방법은 건물을 지면에서 띄우는 것이다. 건물과 땅이 완전히 분리만 된다면 지진피해를 최소화할 수 있겠지만 건물이 공중에 떠 있지 않는 이상 이것은 불가능한 일이다. 또한, 건물에 바퀴 달린 신발을 신긴다거나, 미끄러지기 쉬운 바닥을 설치했다고 상상해보자. 지진이란 땅이 흔들리는 것이다. 그러므로 면진구조는 흔들리는 땅과 건물을 분리해, 건축물과 땅 사이에 진동 충격 완충장치로서 적층고무, 마찰 펜들럼, 볼 베어링이나 스프링 등을 설치하여 땅의 흔들림을 건물에 더욱 적게 전달하는 방법이다.

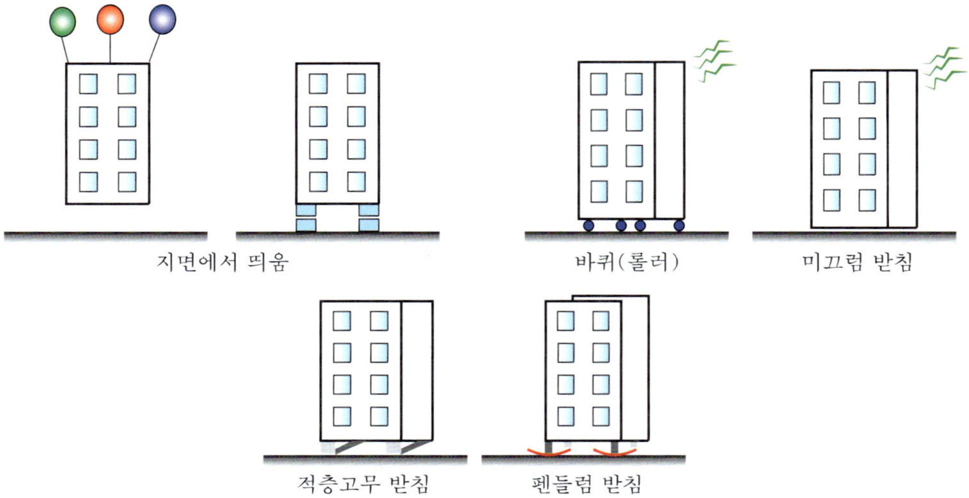

그림 1.3.1 면진구조의 개념

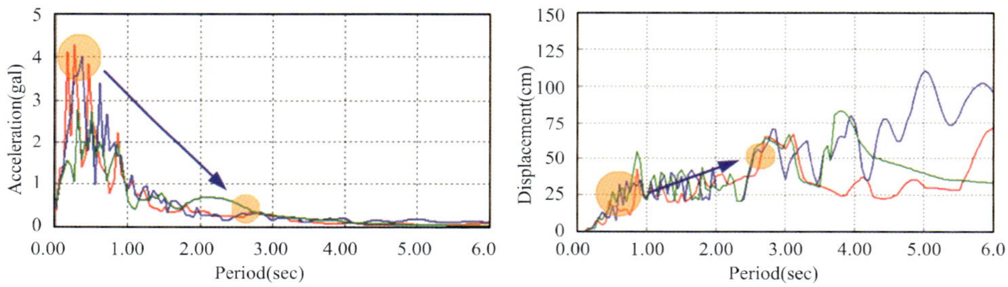

(a) 가속도 응답 저감

(b) 변위 응답 증가

그림 1.3.2 면진구조의 장주기화 및 효과

짧은 주기의 지진파가 강하고 긴 주기의 지진파는 약하다는 성질을 이용해서 건물의 진동주기를 길게 만드는 것이다. 이때 지반과 건물의 연결부에 구조물을 삽입하여 건물의 고유진동주기를 강제적으로 늘리면 지진의 강주기 대역을 피할 수 있다. 따라서 그림 1.3.2와 같이 면진구조를 적용하면 장주기화가 달성되어 지진력은 감소하고 면진층의 변위는 매우 증가하게 된다.

면진구조에 사용되는 면진장치는 건물의 기초와 상부구조 사이에 설치되는 장치로서 지면에서 건물로 전달되는 진동을 최소화 하도록 하는 장치이다. 면진구조에 사용되는 면진장치는 받침의 형식에 따라 적층고무 방식, 미끄럼 방식, 롤러 방식 등으로 분류할 수 있다. 면진구조에 있어서 분리장치는 기둥과 같이 장기간에 걸쳐 건물의 하중을 지지하여야 하며,

지진 시에는 일반 기둥에 비해 보다 큰 수평변형에 대해 안정된 거동성능이 요구된다.

국내에서 건물의 면진구조에 주로 사용되는 면진장치는 대부분 적층고무계 면진장치로서 천연고무받침(NRB; Natural Rubber Bearing)과 납봉삽입고무받침(LRB; Lead Rubber Bearing)이 있고, 에너지는 주로 LRB의 납봉에 의해서 소산되도록 설계하는 특징이 있다. 일부 면진효과를 더욱 향상시키기 위해서 해외에서 수입하여 사용하는 롤러형 장치와 미끄럼 장치 등을 혼용하여 설계에 반영하는 경우도 있다. 면진장치가 갖추어야 할 성능은 다음의 4가지이며, NRB는 수직지지 성능, 수평변형 성능, 복원 성능을, LRB는 4가지 성능을 모두 갖추고 있는 장치라고 할 수 있다. 국내에서도 보다 효과적이고 경제적인 설계를 위해서는 다양한 면진장치가 개발될 필요성이 있다.

- 수직지지 성능
- 수평변형 성능
- 복원 성능
- 감쇠 성능

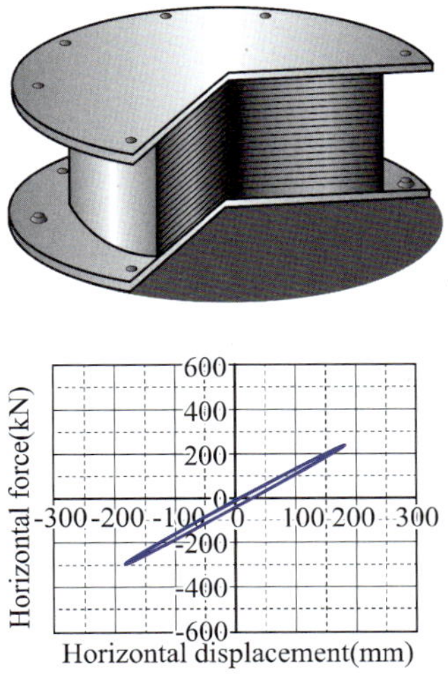

(a) 천연고무받침(NRB) 및 이력거동

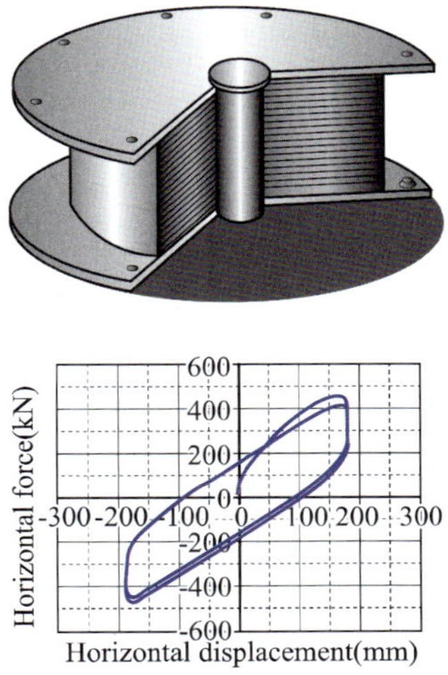

(b) 납봉삽입고무받침(LRB) 및 이력거동

그림 1.3.3 한국에서 주로 사용되는 적층고무계 면진장치

면진장치는 설치 위치에 따라 그림 1.3.4와 같이 분류되며, 부지 전체의 면진화, 기초면진 및 중간층 면진으로 구분된다. 부지 전체의 면진화는 도시 또는 건축계획상 특별한 경우에만 적용되는 것으로 간주하며, 대부분 기초면진과 중간층 면진으로 분류된다고 할 수 있다.

기초 면진을 중층이나 특히 고층건물에 적용하기 위해서는 여러 가지 기술적 문제가 발생한다. 기초가 고정된 고층건물에서 고유주기는 이미 상대적으로 길기 때문에 면진장치를 이용하여 주기를 더욱 길게 만들면 면진장치의 수평변형은 매우 크게 발생하며 동시에 큰 연직하중과 횡하중에 의한 전도모멘트가 커져 면진장치에 인장력이 발생할 가능성이 증가하는데, 이는 중요한 기술적 문제로 거론된다. 즉 구조물이 높아질수록 면진장치가 견뎌야 하는 상부 구조물의 무게도 상당하며, 고층구조물은 더 이상 전단지배구조물이 아니므로 기초부분에서 발생하는 휨은 무시되지 않는다. 현재까지의 기술력으로는 큰 수평 유연성을 가지고 상부 구조물의 무게를 견디며 건물 기초의 회전자유도를 막을 수 있을 정도의 수직강성을 확보하는 면진장치를 제공하기는 어렵다.

따라서 중·고층 건물에 있어서 면진구조의 적용은 구조물의 전체 질량을 분리하는 기초 면진보다는 부분적으로 질량을 분리시키는 중간층 면진의 방법을 시도할 수 있다. 이는 건물의 중간에 면진장치를 설치하여 기초 면진에 따른 기술적 문제를 유발시키지 않으면서 구조물에 전달되는 지진력을 감소시켜 지진에 대한 구조물의 피해를 줄이는 것이다. 특히, 주상복합구조물과 같이 질량이나 강성이 매우 큰 전이보에 의해 비정형성이 강하고 횡하중에 약한 구조물의 경우, 상부 주거공간과 하부 상업공간 사이에 면진층을 설치하여 관성력 감소와 하부 골조의 소성힌지 발생을 방지하는 것이 가능하다.

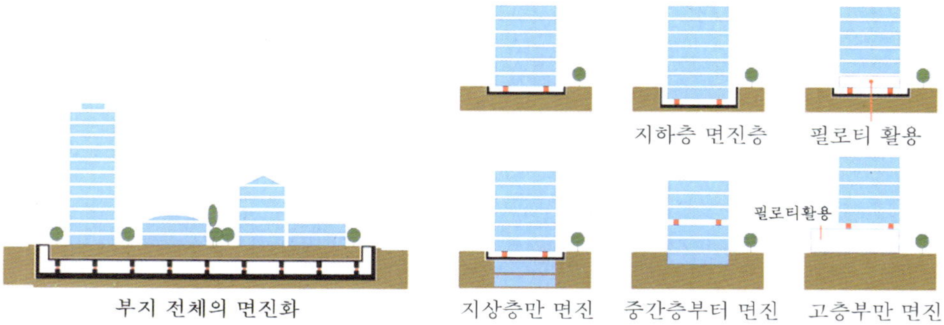

그림 1.3.4 면진장치의 설치 위치

참고문헌 *reference*

[1] 한국면진제진협회, 『면진구조 설계기법 및 국내 적용사례』, 창립10주년기념기술총서』, 기문당, 2015

[2] 한국면진제진협회, 『제진구조 설계기법 및 국내 적용사례』, 창립10주년기념기술총서』, 기문당, 2015

[3] 김형준, 전새미, 「성능기반 내진설계의 기본 개념과 절차」, 『한국강구조학회지』, 제25권 제3호, 2013

[4] ASCE/SEI, 『Minimum Design Loads for Buildings and Other Structures』, ASCE/SEI 7-10, American Society of Civil Engineers, U.S.A, 2010

[5] 대한건축학회, 『KBC 2016, 건축구조기준 및 해설』, 2016

[6] 김유성, 강주원, 이준호, 「구조물의 회복탄력성 기반 성능평가법에 대한 고찰 및 적용 방안에 관한 연구」, 『한국공간구조학회지』, 제20권 제4호, 2020

[7] Y. Nakamura, K. Okada, 「Review on seismic isolation and response control methods of buildings in Japan」, 『Geoenvironmental Disasters 6(7)』, 2019

[8] 한국면진제진협회 역서, 『처음 배우는 면진건축』, 구미서관, 2004

[7] 한국면진제진협회(면진연구WG-0901), 『면진설계 매뉴얼 및 실무 자료집』, 2009

[9] 대한건축학회, 『KDS 41 17 00, 건축물 내진설계기준 및 해설』, 한국건축건축기준센터, 2019

[10] World seismic Isolation systems market by product type, market, players and regions-forecast to 2024(www.marketintellica.com), 2019

CHAPTER 02

기초의 면진화를 위한 한국의 전통 그렝이 공법

CHAPTER 02

기초의 면진화를 위한 한국의 전통 그렝이 공법

2.1 전통 건축물에 적용된 지진 대비 기초시스템

지진기록이 시작되기 이전에도 역사적으로 크고 작은 지진들이 발생하였으며 구조물 및 인명피해가 발생하였음을 문헌기록을 통해 확인할 수 있다. 예측 불가능한 지진에 대비하기 위하여 과거부터 지진에 대한 사전대책으로서 지반과 상부구조 사이의 기초를 구성함에 있어 여러 가지 독창적인 시스템이 적용되어 왔다.

오늘날 기초시스템이 지진에너지에 저항하는 방식으로는 크게 강도 저항형 기초시스템과 지진에너지 저감형 기초시스템으로 구분할 수 있다. 강도 저항형 기초시스템은 구조물의 강성을 키워 내력으로서 지진에너지에 저항하도록 한 원리이고, 지진에너지 저감형 기초시스템은 지진에너지를 특정 층(기초)에서 흡수하도록 하여 상부구조로의 지진에너지 전달을 최소화시키려는, 일종의 면진구조의 원리를 가진다.

전통건축물에서도 이러한 강도 저항형과 지진에너지 저감형의 내진 기초시스템의 원리를 적용한 사례를 찾아볼 수 있으며, 특히 지진에너지 저감형 기초시스템은 현대의 면진구조로 발전되어 왔다. 그리고 이러한 면진구조는 구조물과 인명피해를 최소화할 수 있고 내진성능이 가장 우수하다는 면에서 주목받고 있으며 그 적용사례도 지속적으로 증가하고 있다.

본 글에서는 전통건축물에서 기초에 적용된 강도 향상형 내진구조와 지진에너지 저감형 면진구조의 개념이 적용된 사례를 간단히 소개하고, 한국 전통건축물에 적용된 지진에너지 저감형 면진구조의 내진성능 평가 결과를 분석하여 소개하고자 한다.

2.1.1 강도 저항형 기초시스템

(a) 페루 마추픽추

(b) 대구 도동서원

그림 2.1.1 강도 저항형 기초시스템

페루의 마추픽추는 접착제를 사용하지 않고 돌과 돌 사이를 맞물리도록 가공하여 지진에 저항하도록 한 대표적인 내진구조이다. 건물에 발생하는 변위를 최소화하고 기초시스템의 강성으로 입력되는 지진에너지에 저항하도록 한 것이다. 국내에서도 페루와 유사한 형태의 기초시스템을 찾아볼 수 있는데, 대구에 위치한 도동서원이 그 예이다. 강도 향상형 내진구조는 입력되는 에너지를 고스란히 상부구조물이 받으므로 이에 대응하는 내력을 갖도록 한 것이 특징이다.

2.1.2 지진에너지 저감형 기초시스템

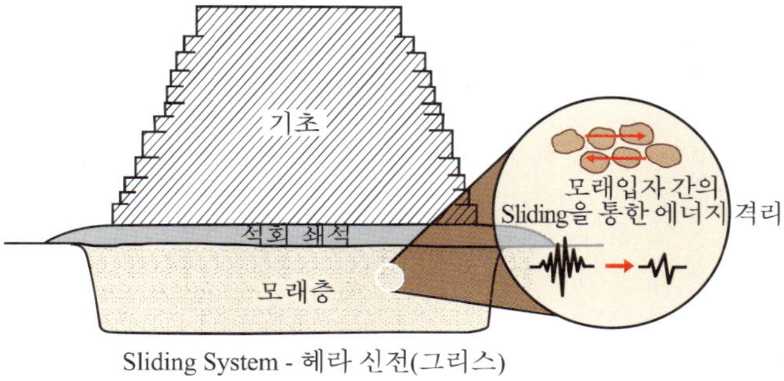

그림 2.1.2 Sliding System – 헤라 신전(그리스)

고대 그리스의 신전 아래에는 건물의 기초와 지반 사이에 모래나 점토층을 넣어 미끄러짐(Sliding)을 통해 전달되는 지진에너지로부터 건물을 격리시켜 면진 기초로서의 역할을 하는 Sliding System이 존재한다. 입력되는 지진에너지를 유연하게 받아들여 에너지를 소산시키고 건물로 전달되는 지진에너지를 저감시킨다는 면에서 현대의 면진구조와 유사한 점이 존재한다. 지진에너지 저감형 기초시스템은 상부구조물이 받아들이는 에너지가 적어 강도 저항형보다도 상부구조물의 내력을 효과적으로 낮출 수 있다는 장점이 있다.

2.1.3 한국의 전통 면진 기초시스템

(a) 불국사 전경

(b) 불국사 자하문 전면부

그림 2.1.3 경주 불국사

2016년, 2017년에 발생한 경주·포항 지진으로 인하여 국내에서도 지진에 대한 경각심이 커지고 있으며 내진설계에 대한 관심이 높아진 상황이다. 또한, 지진계에 의한 관측 이전에도 선조들의 책자에 기록된 내용을 바탕으로 정리된 역사지진 기록을 보면 한반도에도 소규모뿐만 아니라 대규모의 지진도 꾸준히 발생하였음을 알 수 있다.

지진에 대한 피해를 최소화하기 위한 노력은 현대뿐만 아니라 과거부터 이어져 왔으며 우리나라 선조들의 지진대책은 전통건축물의 기초시스템에 적용된 내진구조를 통하여 확인할 수 있다. 그중에서도 경주의 불국사는 국내 지진 발생 지역과 인접한 활성단층을 통과하는 위치에 있어 역사적으로 지진이 빈번하게 발생하였음을 유추할 수 있는데, 불국사의 기초에는 지진에 대해 대비하기 위한 독특한 기초시스템이 적용되어 있다. 이 글에서는 불국사에 적용된 에너지 저감형 면진 기초시스템을 설명하고 지진 시 거동 메커니즘을 분석하여 설명하고자 한다.

(a) 정면

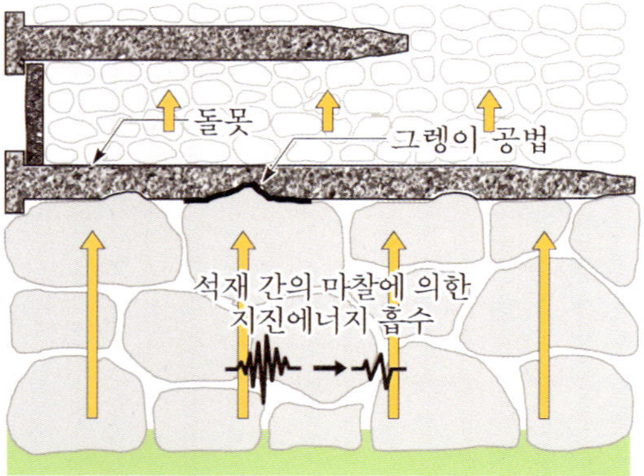

(b) 단면

그림 2.1.4 불국사 기초에 적용된 내진구조

불국사의 기초에는 그렝이 공법과 돌못이라는 독특한 건축기술이 적용되어 있다. 불국사의 기초는 자연 상태의 석재를 그대로 사용하여 축조되었는데 울퉁불퉁한 자연석의 표면에 맞게 인공석을 가공하여 맞물리도록 한 것을 그렝이 공법이라고 한다. 또한, 석축에는 돌을 다듬어 석축 안으로 쐐기처럼 박아 넣는 돌못이 일정한 간격으로 설치되어 있는데, 돌못의 몸체는 석축 안으로 깊게 박혀 지진이 발생하면 돌못으로 인해 에너지가 차단되고 내부 석재의 이탈이 발생하지 않는다. 돌못은 현대 건축 부재인 앵커의 역할을 하여 석축을 이루는 석재 사이의 변위를 제어하고 마찰 면적을 늘리는 역할을 하므로 지진에너지 저감에 큰 역할을 한다. 지진이 발생하면 석축 하단의 석재 간의 마찰로 인하여 지진에너지가 소산되게 되는데, 이때 발생한 변위는 그렝이 공법과 돌못에 의해 이탈되는 것이 방지되는 원리로 지진에너지에 저항하게 된다.

2.2 그렝이 공법이 적용된 면진 기초시스템의 성능검증 동적 실험

한국 전통 건축물에 적용된 면진 기초시스템의 성능검증을 위하여 그렝이 공법을 적용한 실험체를 제작하여 진동대 실험을 진행하였다. 실험체는 가로 2600mm, 세로 1400mm, 높이 950mm의 석조 기초시스템이며 실제 불국사의 기초시스템을 모사하기 위하여 실험체는 자연석을 쌓은 뒤 자연석의 표면에 맞게 가공된 인공석의 보를 올려 축조되었다. 최상단 인공석간의 결합은 전통 결합방식을 구현하기 위하여 결구와 꺾쇠가 사용되었다. 실험은 인공지진파를 생성하여 실험체의 장변 방향에 대하여 1축으로 가진하였으며 최대지반가속도(이하 PGA) 0.03g부터 PGA 1g까지 가속도 스케일을 증가시켜 가며 진동대 실험을 수행하였다.

(a) 실험 전

(b) 실험 종료 후

그림 2.2.1 실험 전후 실험체 모습

실험체는 마지막 가진단계인 PGA 1g에서 최외곽 자연석들이 이탈하여 실험이 종료되었으며 그렝이 공법으로 변위가 제어된 내곽부에 대해서는 여전히 원래의 위치를 유지하고 있음을 확인하였다. 실험체 상부에서 측정된 가속도와 기초시스템의 상대변위 측정을 위해 설치된 LVDT를 이용하여 그림 2.2.2와 같이 하중-변위 그래프를 도출하였다. PGA 0.5g까지 기초시스템은 변형의 거의 발생하지 않은 탄성거동을 보이며 내진성능을 발휘함을 알 수 있다. 이는 기초시스템을 이루는 석재 간의 마찰계수에 도달하지 않아 변형이 발생하지 않은 것으로 추정할 수 있다. 이후 가진 스케일이 증가함에 따라 실험체의 석축이 가진방향으로 거동하며 변위가 발생하였고 비선형적인 소성거동을 나타냈다. 석재 간의 마찰에 의한 에너지 소산작용이 발생한 것이며, 변형이 발생한 이후로는 약 17kN 이상 크게 벗어나지 않는 것으로 미루어 보아 마찰계수 도달 이후 운동상태에 머무르는 마찰력에 의한 거동특성을 보이는 것으로 추정된다.

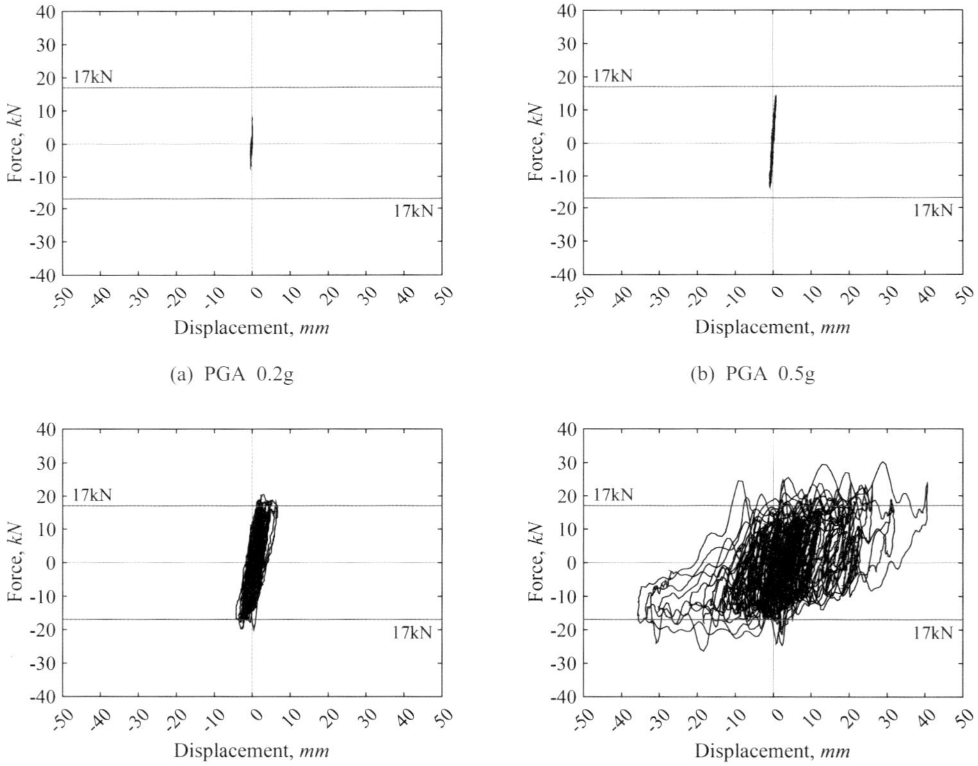

(a) PGA 0.2g (b) PGA 0.5g

(c) PGA 0.7g (d) PGA 1.0g

그림 2.2.2 실험체의 하중-변위 관계

가진 스케일이 증가함에 따라 실험체의 최대 변형이 증가하면서 상부에서 응답되는 최대 가속도는 저감되는 것을 그림 2.2.3의 가속도 증폭비를 통해 확인할 수 있으며 이는 기초시스템에서 입력되는 지진에너지를 소산하여 상부로 전달한다는 것을 의미한다. 기상청에서 발표한 규모환산식을 기준으로 PGA를 대략적인 규모로 환산하여 그림 2.2.3에 나타내었다. 그림 2.2.4는 기초시스템의 고유주기를 바탕으로 계산된 지진입력에너지와 그림 2.2.2의 하중-변위 관계를 통해 계산된 기초시스템의 소산에너지를 비교한 것이다. 그림 2.2.3과 그림 2.2.4를 통해 규모 6 이하의 지진에 대해서는 기초시스템의 변형 및 소산에너지의 양이 절대적으로 적은 것으로 보아 기초시스템은 내력이 충분히 커 탄성영역에 있으며 지진력에 저항하는 내진성능이 좋은 것으로 판단된다. 약 규모 7 이상의 지진에 대해서는 지진입력에너지가 증가함에 따라 그렝이 공법이 적용된 기초시스템에서 발생한 변형이 컸으며, 에너지 소산능력이 뛰어남을 확인할 수 있다. 석재들 사이의 틈, 석재들 간의 마찰로 인한 에너지 소산, 그렝이 공법에 의한 변위 제어 등의 다양한 요인들로 인한 마찰력 및 복원력 특성으로 기초시스템에서 지진에너지를 일부 소산하고 상부구조물로 전달되는 것이다.

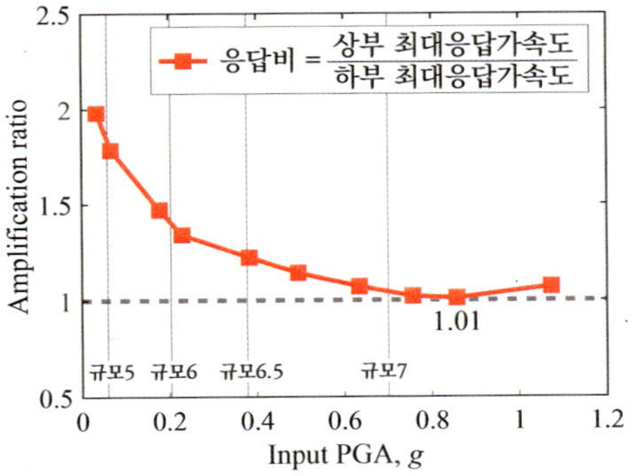

그림 2.2.3 PGA 별 응답가속도 증폭비 및 최대변위

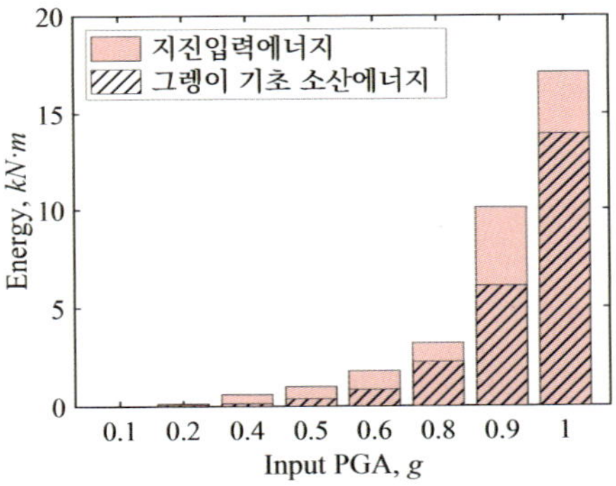

그림 2.2.4 지진입력에너지와 소산에너지 비교

2.3 세계적으로 앞서 나간 신라인들의 내진 기술

진동대 실험을 통하여 검증한 실험체의 조건은 실제 불국사의 기초와 스케일, 시공 상세 등의 면에서 다소 상이할 수 있기 때문에, 실험에서 검증된 수치적 결과에는 큰 의미가 없다. 그러나, 실제 불국사의 기초에 적용된 내진 기술을 재현하여 실험체를 제작하였기 때문에 진동대 실험을 통하여 나타나는 진동특성의 경향성을 통해 실제 불국사의 기초시스템이 지진에 대하여 효과적으로 저항할 수 있는 내진구조로 이루어졌다는 것을 확인할 수 있다.

그렝이 공법이 적용된 불국사의 기초시스템은 약 규모 6.5 이하의 지진에서 기초시스템을 구성하는 석재 간의 마찰저항에 의하여 실험체의 거동이 탄성에 머물며 내진 기초로서의 역할을 수행하였다. 이후 입력되는 지진의 크기가 증가할수록 실험체에는 탄성을 넘어서는 변형이 발생하였으며 자연석 사이의 마찰에 의하여 소산되는 에너지의 크기가 증가하는 면진 기초로서의 역할을 수행하였음을 확인하였다.

본 실험은 불국사에 적용된 내진 기술을 과학적인 검증을 통해 정량적인 성능검증을 한다는 면에서 의의가 있으며, 불국사의 기초시스템은 충분한 내력으로 내진성능을 가질뿐만 아니라, 강진에 대해서 면진거동을 하며 내진성능을 발휘한다는 것을 입증할 수 있었다. 불국사의 기초시스템은 신라인들의 건축기술과 내진구조에 대한 이해가 세계적으로 앞서 나갔다는 것을 확인할 수 있는 산물이다. 그리고 조상들의 지혜가 담겨있는 불국사 기초시스템의 내진구조는 현대의 내진 기술과 비교하여도 우수성을 가질 수 있다는 것을 확인할 수 있다.

참고문헌 *reference*

[1] 황상일, 「불국사 지역의 지형특성과 불국사의 내진 구조」, 『대한지리학회지』, 제42권 제3호, 2007

[2] 김혜원, 이정한, 박병철, 이원호, 「진동측정에 따른 한옥 건축물의 고유주기」, 『한국방재학회논문집』, 제16권 제3호, 2016

[3] 천득염, 양정무, 「한국 전통건축에 나타나는 그렝이 기법에 관한 기초적 연구」, 『한국건축역사학회 학술발표대회논문집』, 2011년 추계, 2011

[4] Carpani, B, 「Base isolation from a historical perspective」, 『In: Proceedings of the 16th World Conference on Earthquake Engineering』, 2017

[5] 문화재청, 『경주 · 포항지진으로 인한 문화재 피해와 대응』, 2020

[6] Chopra, A. K., 『Dynamics of structures: theory and applications to earthquake engineering』, Pearson College Div, 2017

[7] FEMA, NEHRP, 『Recommended Provisions for New Buildings and Other Structures: Training and Instructional Materials』, FEMA, 451B, Jandouts, Washington DC, 2007

[8] 김두기, 『구조동역학』, 구미서관, 2021

[9] 강영환, 『집짓기』, 보림, 1996

[10] 기상청(http://www.kma.go.kr) (검색일: 2023년 4월 21일)

CHAPTER 03

면진건축물 설계 사례

CHAPTER 03

면진건축물 설계 사례

3.1 유니슨HKR 연구동

3.1.1 건축개요

그림 3.1.1 전경

표 3.1.1 개요

건축용도	연구동
규모	지상 4층
건축면적	대지면적 85,285m^2, 연면적 1,094m^2
상부구조종별	철근콘크리트구조+기초면진
위치	천안시 수신면
준공년도 (시공기간)	1998
면진장치 종류	LRB

발주처	유니슨HKR(주)	면진장치 제조	유니슨HKR(주)
건축설계	-	제진장치 제조	-
구조설계	동양구조안전기술	시공	-
면진설계	동양구조안전기술, 유니슨HKR	시공감리	-

3.1.2 건축계획

본 건물은 충남 천안시 수신면 장산리에 위치한 유니슨산업(주) 기술연구소 연구동으로 국내에서 최초로 납면진받침을 이용한 건물의 내진설계가 적용된 지상 3층의 철골조 건물이다. 1998년 12월에 준공되었고, 대지면적은 85,285m^{2}이며 연면적 1,094m^{2}이다. 상부구조물은 국내의 설계지진인 0.12g(g:중력 가속도)까지 탄성거동하며, 납면진받침은 최대 지진가속도가 0.3g(g : 중력 가속도)까지 견디도록 설계되었다.

(a) 원거리 (b) 근거리

그림 3.1.2 설치현황

3.1.3 면진구조계획

면진구조 성능목표

본 건물에 대하여 국내의 설계지진인 0.12g(g:중력 가속도)까지 탄성거동하며, 납면진받침은 최대지진가속도가 0.3g(g : 중력 가속도)까지 견디도록 설계되었다.

표 3.1.2 장치성능

Items	Seismic Acceleration Level				Remark
	0.12g	0.15g	0.20g	0.25g	
Effective Period (sec)	1.67	1.86	2.10	2.26	
Seismic Displacement (cm)	4.93	6.79	9.81	12.71	
Max. Seismic Force (F/W)	0.071	0.078	0.089	0.099	Force/Weight
Sismic Reduction Ratio*	2.11	2.40	2.81	3.15	

* The Ratio of the maximum seismic forces between fixed model and isolation model

면진층 평면 및 장치 배치계획

• 면진 설계 계획

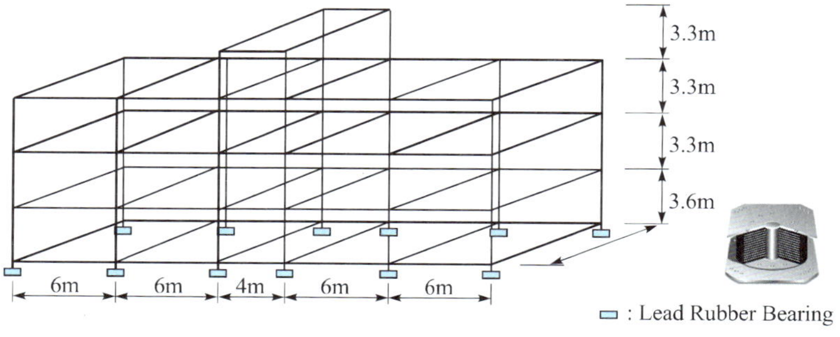

• Design Condition

Load Type	Vertical Load			Horizontal Load	
	DL	LL	1.2DL+LL	Wind	Seismic
Design Load (tonf)	109.3	29.5	160.7	1.9	10.9

그림 3.1.3 면진장치 배치(LRB)

▌ 면진장치 종류 및 성능

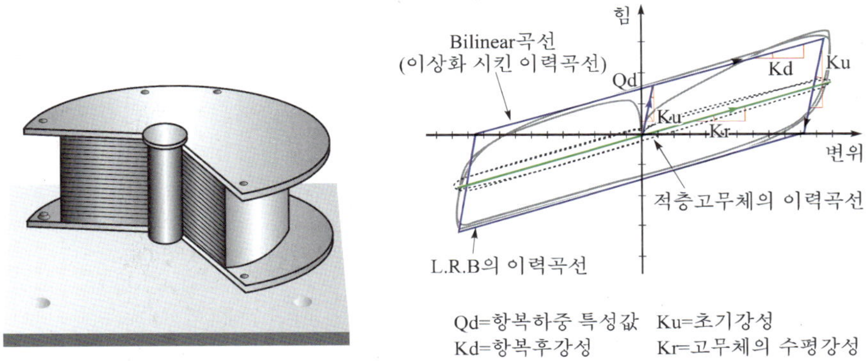

그림 3.1.4 납봉삽입적층고무면진장치(LRB)

면진장치는 1종류를 선정하여 최적배치를 하였다.

3.1.4 면진구조 응답해석해석 및 결과

▌ 입력 지진파

- 입력 인공 지진파
  - 본 구조물에 적용된 지진파는 1개의 지진파(El centro)를 산정하여 구조해석을 실시하였으며, 위의 산출방법에 따라 스케일하여 설계지진으로 활용하였다.

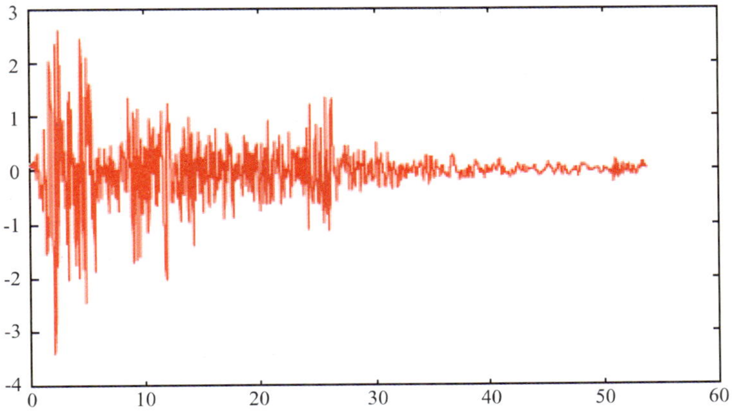

그림 3.1.5 Input Wave(El centro 1940 NS, 0.32g)

▌ 구조해석 프로그램

- 상부구조 응력해석과 단면설계 프로그램 : ANSYS 5.3
- 시간이력 지진응답해석 프로그램 : ANSYS 5.3

▌적용면진 장치(LRB 물성치)

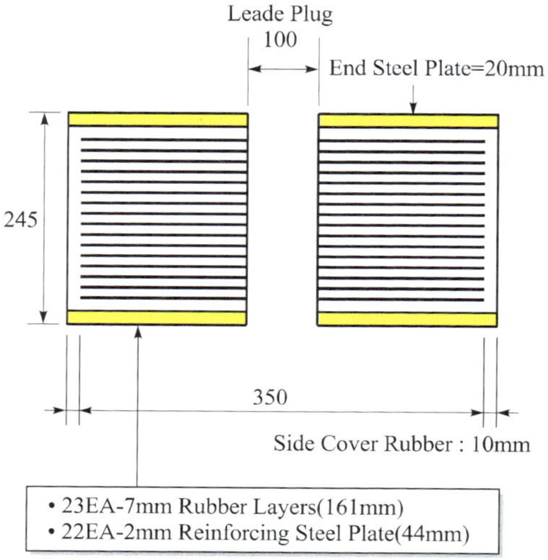

그림 3.1.6 LRB 제품 상세

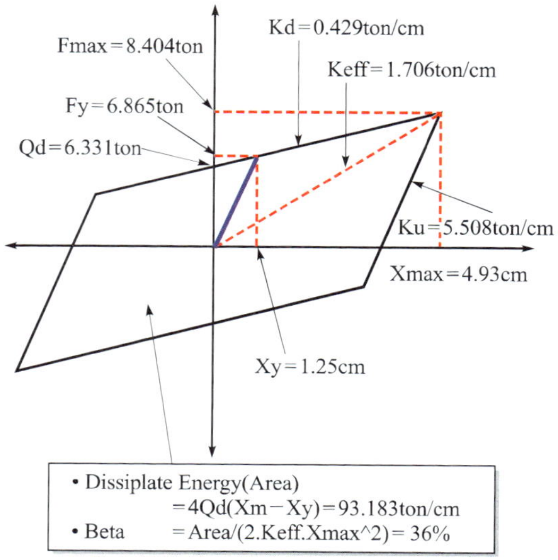

그림 3.1.7 LRB 물성치

▌시간이력 지진응답해석 결과

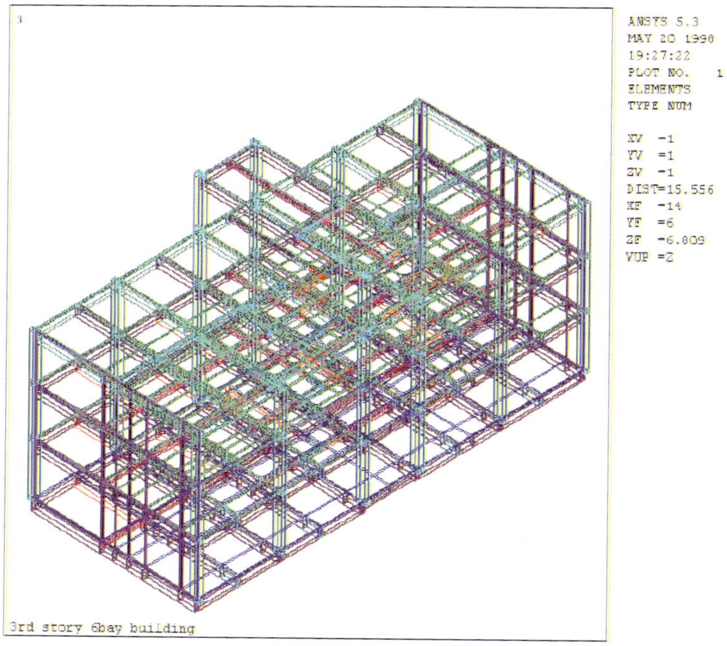

그림 3.1.8 시간이력 지진해석 모델링

표 3.1.3 지진에 대한 응답 결과

Items	Seismic Acceleration Level (MMI Intensity, Richter scale)				Remark
	0.12g	0.15g	0.20g	**0.25g**	
	Ⅷ, 6	Ⅷ, 6	Ⅷ, 6	Ⅸ, 7	
Effective Period (sec)	1.67	1.86	2.10	**2.26**	
Seismic Displacement (cm)	4.93	6.79	9.81	**12.71**	
Max. Seismic Force (F/W)	0.071	0.078	0.089	**0.099**	Force/Weight
Sismic Reduction Ratio(%)*	47	42	36	32	Isolation/fix

* The Ratio of the maximum seismic forces between isolation model and fixed model

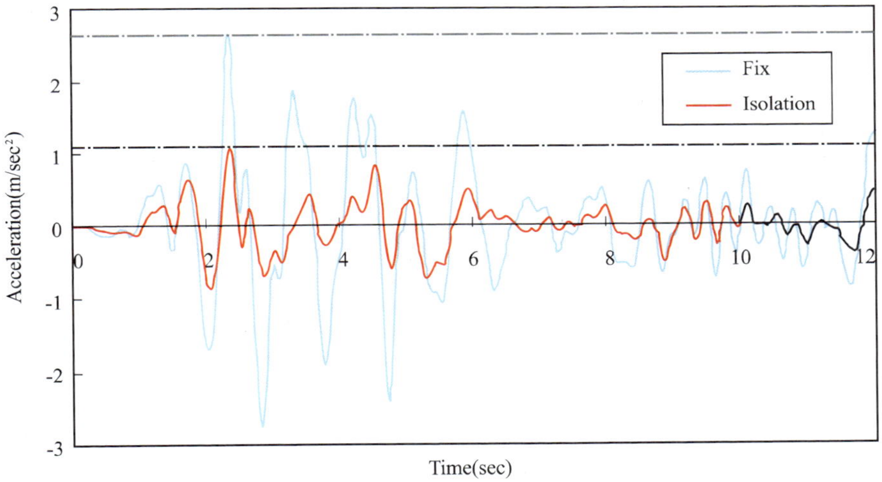

그림 3.1.9 면진 장치 설치 전, 후의 가속도 응답 비교(연구동 4층)

3.1.5 면진장치의 시공과정

(a) 이동　　　　　　(b) 정착

그림 3.1.10 LRB시공

3.1.6 LRB 설치 후 전경

그림 3.1.11 LRB 설치후 전경

3.2 양재동 Win&P Tower

3.2.1 건축개요

그림 3.2.1 전경

표 3.2.1 개요

건축용도	근린생활시설		
규모	지하 2층, 지상 6층(높이 = 22.5m)		
건축면적	연면적 324.4m^2		
상부구조종별	지상 : 철근모멘트골조, 지하 : 철근콘크리트		
위치	서울시 서초구 양재동		
준공년도 (시공기간)	2007		
면진장치 종류	LRB		
발주처	유니슨HKR(주)	면진장치 제조	유니슨HKR(주)
건축설계	아테기술단	제진장치 제조	-
구조설계	동양구조안전기술	시공	한강건설
면진설계	동양구조안전기술, 성균관대학교, 유니슨 HKR	시공감리	-

3.2.2 건축계획

면진건물의 건립 목적은 향후 예상치 못한 불의의 지진피해에 대하여 기존의 내진 설계방식보다 월등히 우수한 면진시스템을 채택하여 대비하고 현재까지 미비된 국내 면진설계 기준정립에 일조하고자 순수 국내 면진장치 제조기술로 오피스 빌딩에 적용하게 되었다.

본 건물은 지상 22.5m 의 철골구조로 총중량 1,600 여톤의 자중으로 설계되었으며 고유치해석을 통한 1 차모드 고유주기는 2.836 초이다.

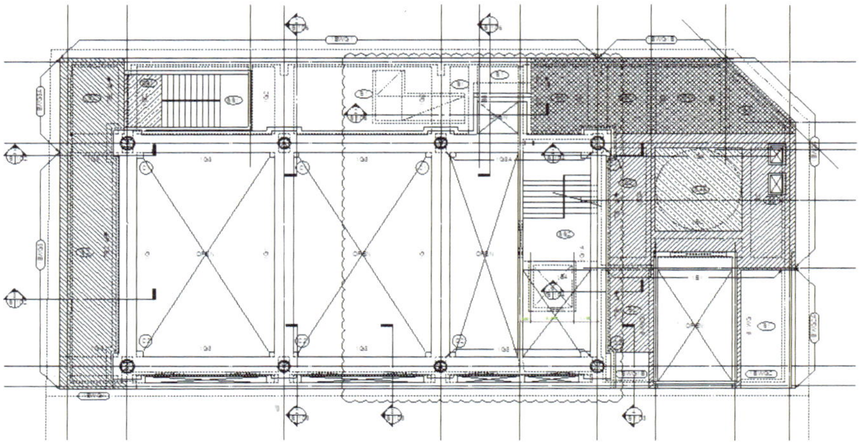

그림 3.2.2 평면도

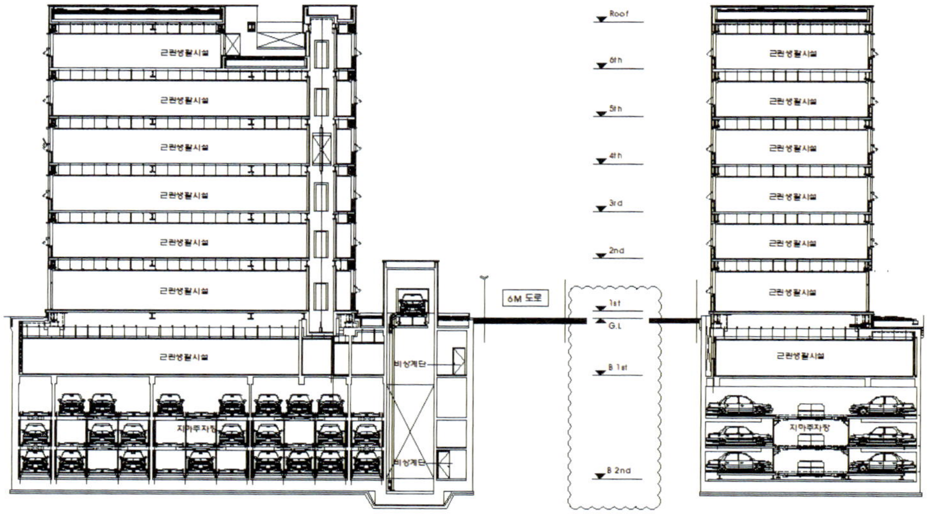

그림 3.2.3 단면도

3.2.3 면진구조계획

면진구조 성능목표

- 근린시설 신축건물로써 지상 6층 중량 2081.2tonf 규모로 설계지진하중에서 면진 목표 주기 3초 대역으로 설계하였다.

표 3.2.2 주기 및 하중현황

위치	양재동 83-6,7
건물 개요	근린 업무시설 - 지하 2 층 , 지상 6 층 (22.5m) - 지상 철골모멘트조, 지하 철근콘크리트조, 면진구조
주기	내진 (1.04 Sec), 면진 (2.83 Sec) Ta=0.87 sec (내진주기≤)
사하중 및 적재하중	사하중 (1618.4 tf) 적재하중(462.7 tf) 총 2081.2 tonf

면진층 평면 및 장치 배치계획

- 지상부분은 철골구조이며, 지하는 철근콘크리트구조가 사용되었다. 면진장치는 지하층이 깊고, 1층에서 구조시스템이 변경되기 때문에 1층 철골기둥 하부에 설치하였다. 전체 8개의 철골기둥 중 내부의 4개에는 RB(Rubber Bearing) Type을 모서리 4개에는 LRB(Lead Rubber Bearing) Type을 설치하였다.

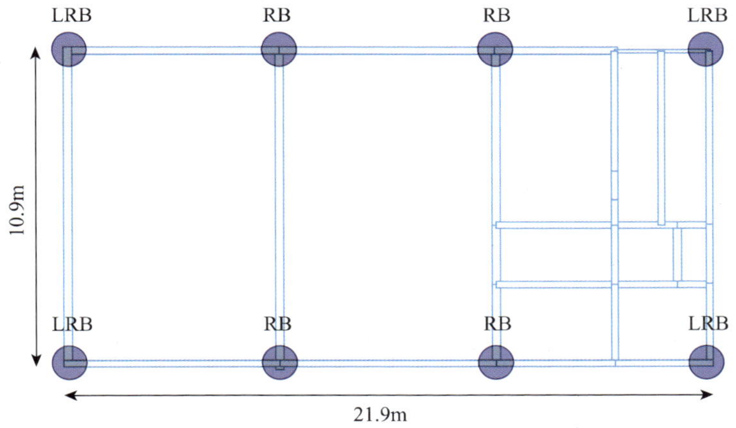

그림 3.2.4 면진장치 배치(LRB)

■ 면진장치 종류 및 성능

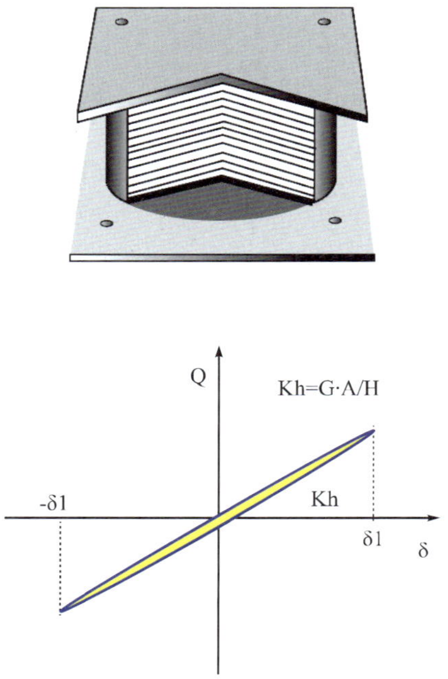

그림 3.2.5 천연고무계적층고무면진장치(NRB)

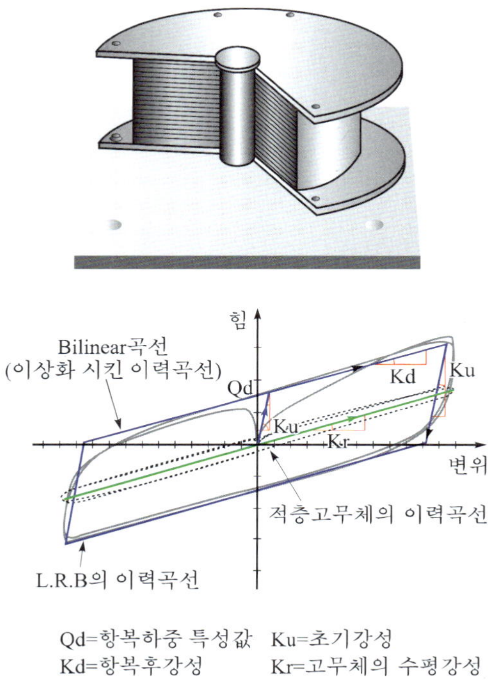

그림 3.2.6 납봉삽입적층고무면진장치(LRB)

면진장치는 2종류를 선정하여 최적배치를 하였다.

3.2.4 면진구조 응답해석해석 및 결과

■ 입력 지진파

- 입력 인공 지진파
  - 지진파는 지반특성을 고려하여 SD지반 설계스팩트럼을 만족하도록 El Centro 지진, Hachinohe 지진, Taft 지진의 3개 지진파를 스케일 조정하여 적용하였다.

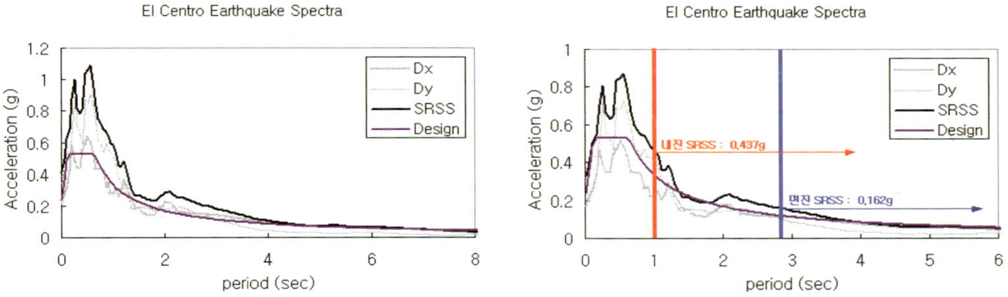

(a) 지진원파

(b) 적용된 스케일지진파 (SF: 0.802)

그림 3.2.7 El Centro 지진파

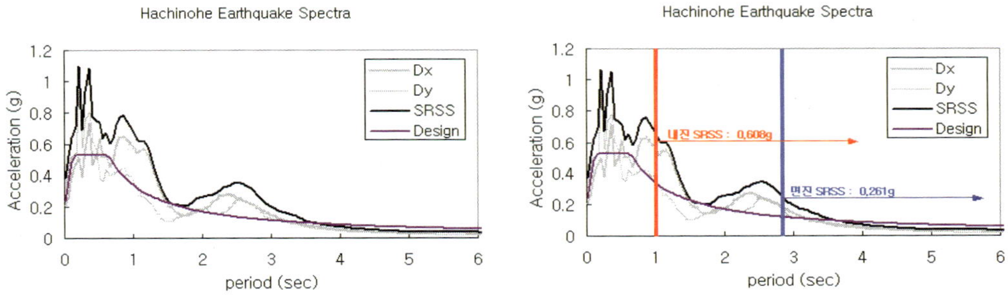

(a) 지진원파

(b) 적용된 스케일지진파 (SF: 0.968)

그림 3.2.8 Hachinohe 지진파

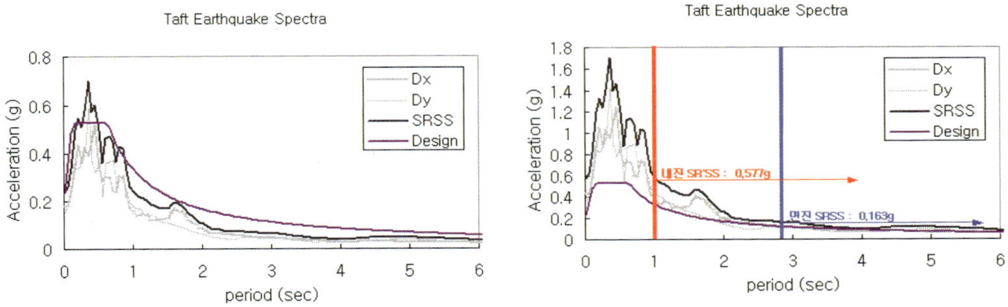

(a) 지진원파

(b) 적용된 스케일지진파 (SF: 2.427)

그림 3.2.9 Taft 지진파

구조해석 프로그램

- 상부구조 응력해석과 단면설계 프로그램 : Midas Gen
- 시간이력 지진응답해석 프로그램 : Midas Gen

구조부재의 이력모델

- 구조부재의 횡하중비교

1. 목표주기에 대한 면진상부층 지진응답계수 산정용

   T_{target} 2.836 sec

2. 지진력 수직분포(Seismic Forces and Story shears)

   밑면전단력 68 tf

3. 건물주기에 따른 분포계수

   k 1.000

1) 목표주기($T_{D,target}$)에 대한 전단력 : $V_s = V_{sl1}$ 45.0 tf
2) 계수 설계풍하중에 의한 전단력 : $V_s = V_{sl2}$ 65.7 tf
3) 1.5X 면진장치 작동을 위한 하중 : $V_s = V_{sl3}$ 85.0 tf

상부구조물 : $V_s = K_{D,\min} \times D_D / R_l$ 67.7 tf

설계밑면전단력 : V_s 85.0 tf

응답스펙트럼 해석시 : $0.8V_s$ 68.0 tf

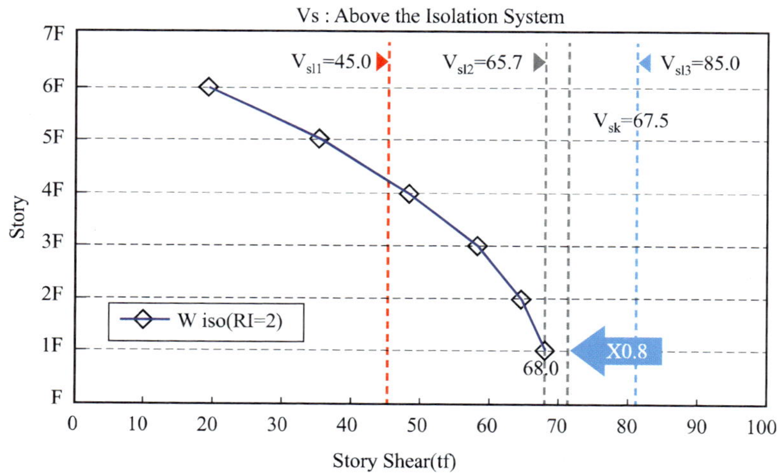

그림 3.2.10 면진층 설계전단력 산정

면진장치의 이력모델

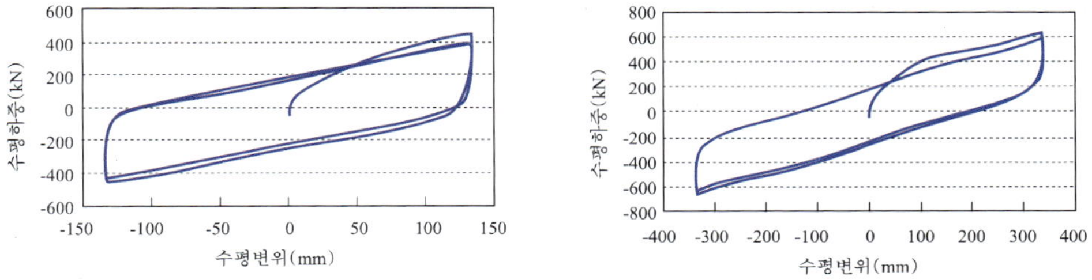

(a) LRB 전단시험 100%(±168.75mm)

(b) LRB 전단시험 250%(±337.5mm)

그림 3.2.11 LRB 전단시험

- 그림 3.2.11(a)는 Production Test에 의한 면진장치의 이력특성이다.
- 그림 3.2.11(b)는 Proto Type Test 전단변형율 250%(±337.5mm)에 대한 한계전단 변형 시험의 이력특성이다.

시간이력 지진응답해석 결과

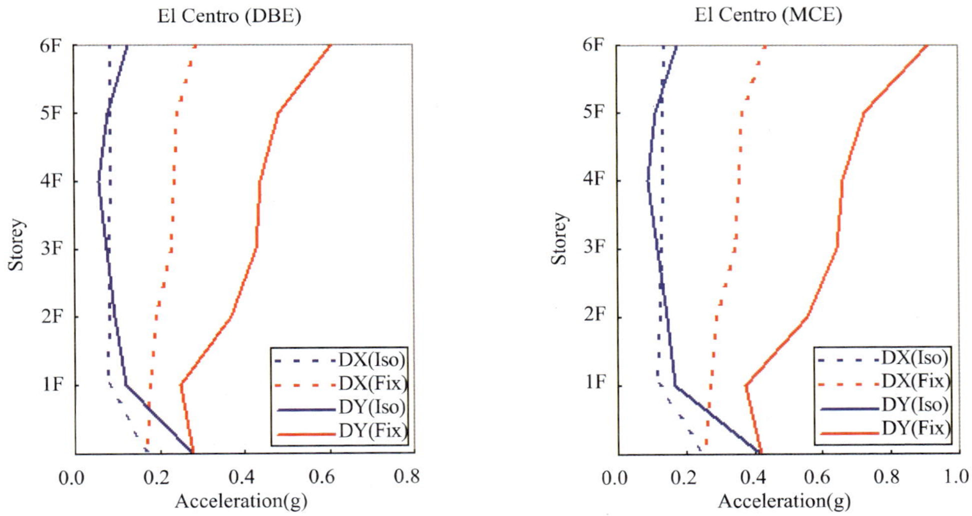

그림 3.2.12 Storey Peak Acceleration (Time history of El Centro Earthquake)

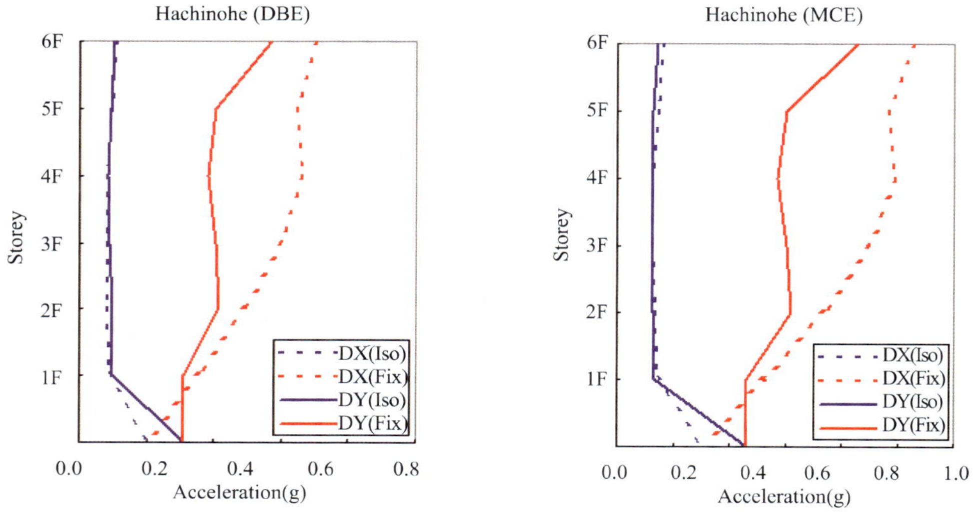

그림 3.2.13 Storey Peak Acceleration (Time history of Hachinohe Earthquake)

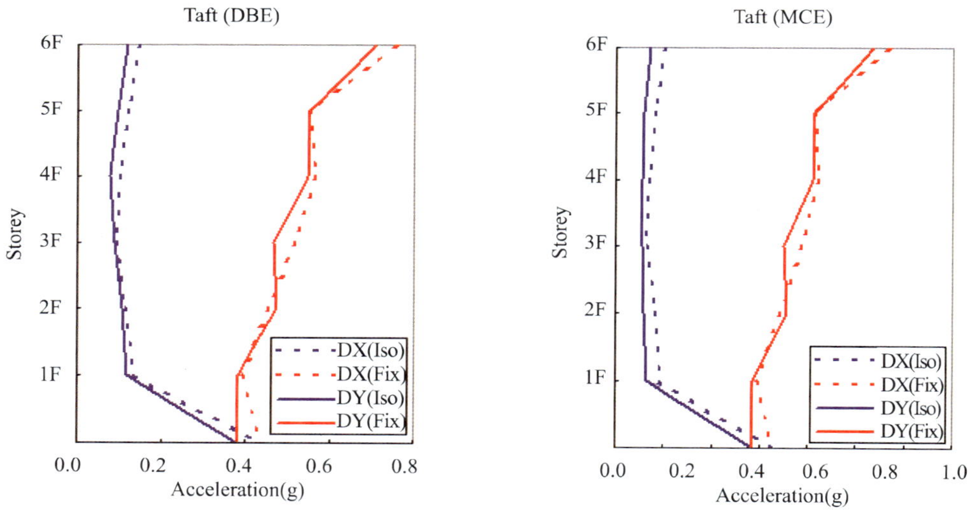

그림 3.2.14 Storey Peak Acceleration (Time history of Taft Earthquake)

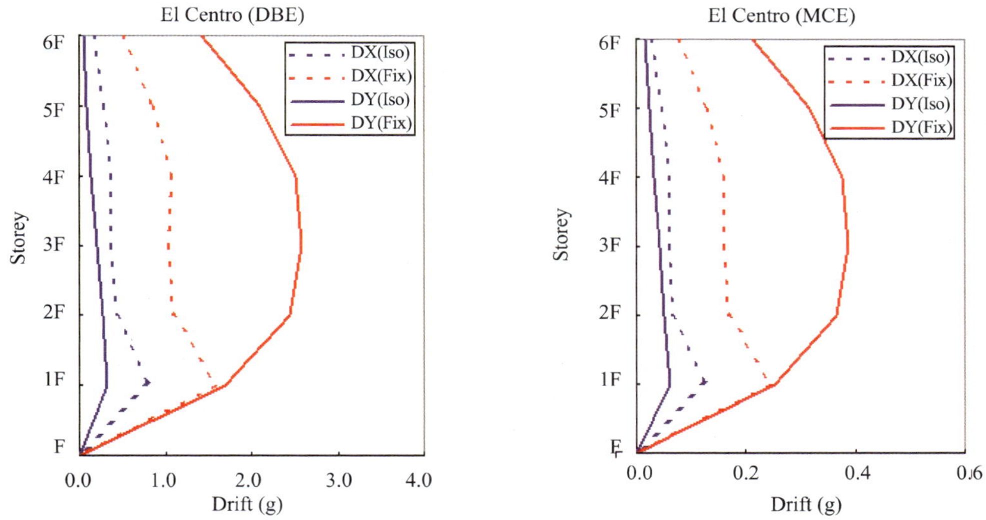

그림 3.2.15 Storey Drift (Time history of El Centro Earthquake)

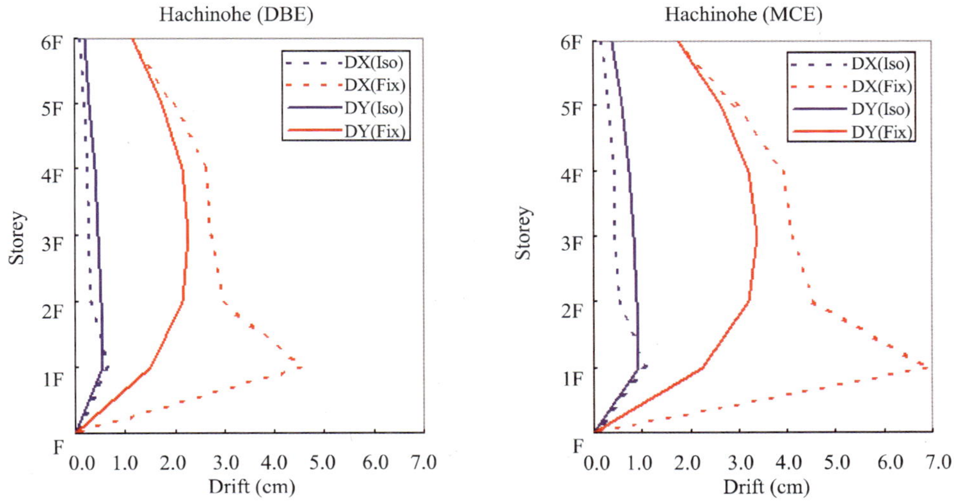

그림 3.2.16 Storey Drift (Time history of Hachinohe Earthquake)

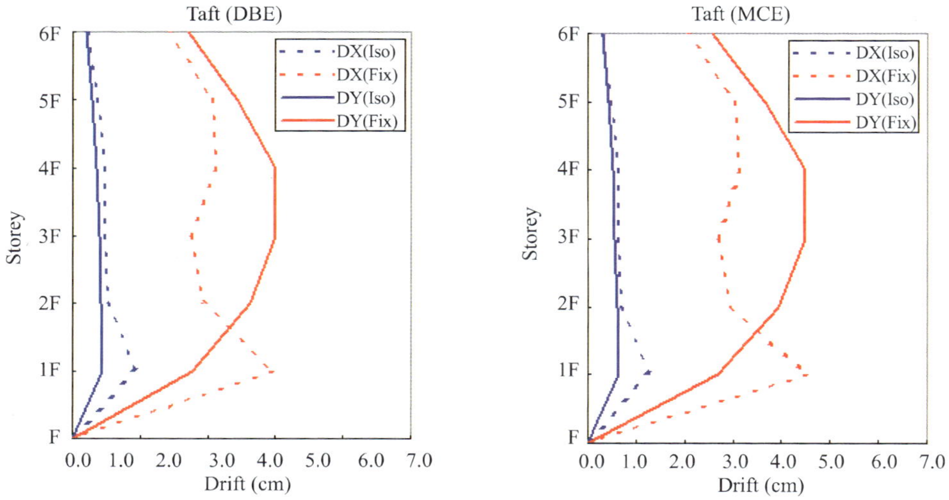

그림 3.2.17 Storey Drift (Time history of Taft Earthquake)

3.2.5 면진장치의 Prototype Test 및 Production Test

면진장치는 시제품시험(Prototype test)과 전수검사(Production test)를 실시하였으며, 시제품시험은 유니슨HKR 품질시험실에서 실시하였다.

그림 3.2.18 면진장치 시제품시험

3.2.6 면진장치의 시공과정

면진장치의 시공은 사전 Mockup을 실시하여 그라우트재의 배합비와 타설시 공극발생현황 사전검토하여 실시하였다.

그림 3.2.19 목업시공

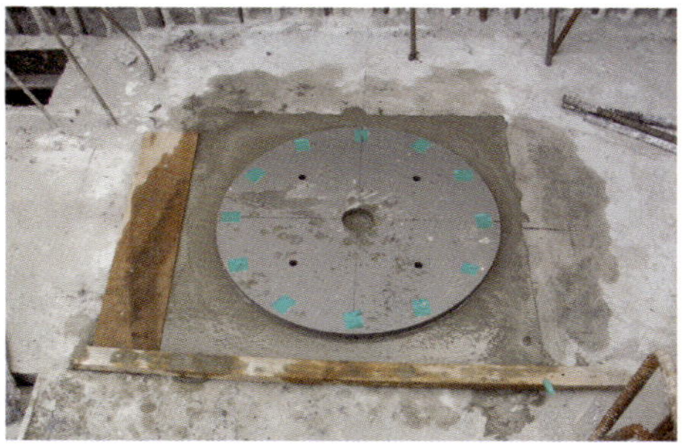

그림 3.2.20 충진율 확인

그림 3.2.21 LRB시공(정착)

그림 3.2.22 LRB시공(수평 확인)

3.2.7 LRB 설치 후 전경

그림 3.2.23 LRB 설치후 전경

3.3 TRAUM HAUS Ⅲ

TRAUM HAUS Ⅲ는 국내최초 주거용 건축물에 적용된 면진구조물로, 지상 1층 상부에 면진층을 계획한 중간층면진이다.

설계당시 면진구조에 대한 기준이 없어, 국토교통부(당시,건설부)와 서울시와 협의를 한 결과 관할구청인 서초구의 특별구조심의를 받고, 한국지진공학회의 전문가 검토를 실시하였으며, 특별구조심의시 면진구조설계에 대한 설명을 실시하고 건축인허가를 받아 착공하게 되었다.

면진장치는 LRB(Lead Rubber Bearing) 4개와 SBB(Steel Ball Bearing)의 조합으로 구성하였다. 본 건물의 건축주의 요구로 성능설계를 적용한 사례로 설계지진입력은 M7 진도9에 해당하는 약 528gal에 대해 1/5 수준인 100gal 이하로 저감하여 거주안전성을 최대로 확보하는 최고의 주택을 건설하려는 건축주의 의지에 따라 지진력 저감 효과가 우수한 Ball Bearing계와 복원력 특성이 우수한 LRB의 조합으로 선택하였다.

3.3.1 건축개요

그림 3.3.1 전경

표 3.3.1 개요

건축용도	집합주택		
규모	지상 13층, 지하 3층		
건축면적(연면적)	13,378.5m^2		
상부구조종별	철근콘크리트벽식구조,		
위치	서울특별시 서초동 160-60		
준공년도 (시공기간)	2000년 12월		
면진장치 종류	LRB1500-400-4ea, SBB-12set		
발주처	대신주택	면진장치 제조	(주)ADC
건축설계	대신주택	제진장치 제조	-
구조설계	(주)SDG	시공(건축+면진)	두산건설
면진설계	(주)SDG	시공감리	(주)SDG

당초 상부구조는 15층으로 철근콘크리트 벽식구조로 계단실과 엘리베이터실을 사이에 두고 2세대가 구성된 고급아파트이다. 건축인허가 과정에서 13층으로 층수가 조정되어 최종적으로는 지상13층, 면진피로티층, 지하3층으로 단면계획이 되었으며, 벽식의 상부구조와 지하주차장의 구조그리드를 와플구조로 전이층을 구성하여 대형의 면진장치인 직경 1500mm의 LRB를 사용하여 경제성을 확보하고자 하였다.

3.3.2 건축계획

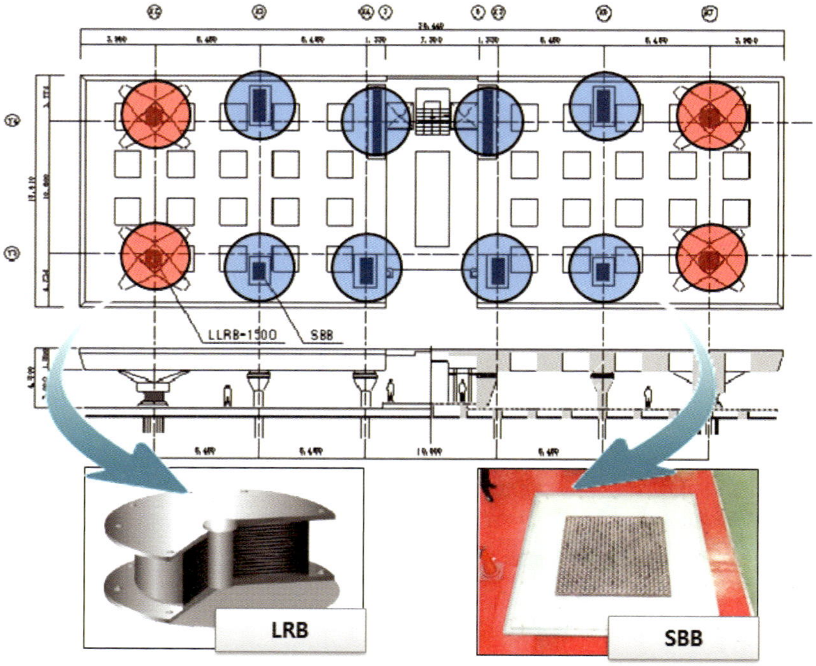

그림 3.3.2 배치도

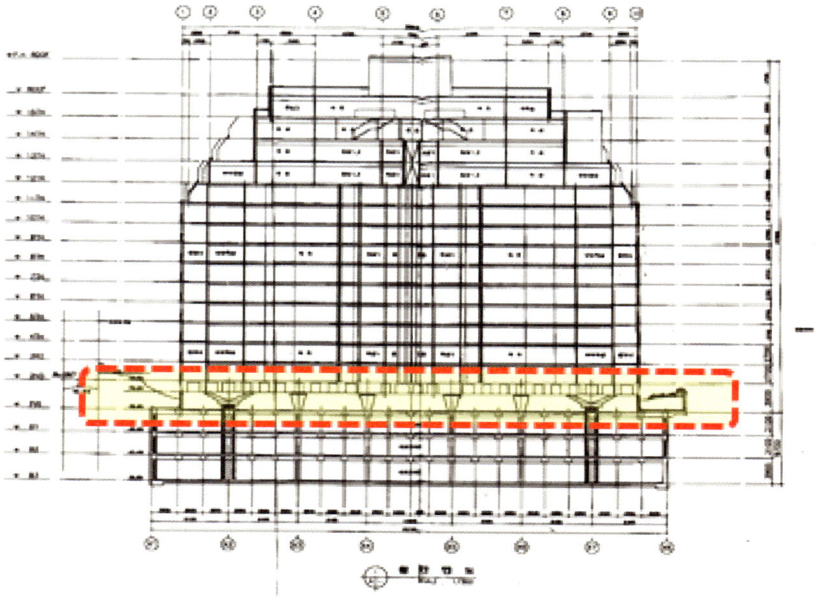

그림 3.3.3 단면도

면진장치의 배치는 비틀림저항능력이 우수하고 납봉삽입면진장치는 평면외곽에 배치하고 면진장치를 최소화하기 위해 상부구조의 축력을 전이할 수 있도록 2층바닥판을 와플구조로 채택하여 면진층의 변형에도 저항할 수 있도록 하였다. 평면의 중앙부는 마찰력이 매우 작은 강구(Steel Ball)를 배치하여 축력을 지지할 수 있도록 하였으며 이는 전단저항력이 매우 작은 장치로 납봉삽입면진장치 4개의 등가수평강성 만으로 면진주기를 약 9.5sec가 되도록 하여 상부구조에 작용하는 지진력 저감효과가 크도록 하고자 하였다.

3.3.3 면진구조계획

▌면진구조 성능목표

- 본 건물은 집합주택으로 최대고려지진시에도 가구등의 전도가 발생하지 않도록 하기 위해 면진층에서 지진력 저감효과가 매우 우수한 Ball Bearing면진장치를 사용하여 바닥응답가속도가 100gal 이하가 되도록 하였다.
- 최대고려입력지진시에도 상부벽식구조에 대한 내진설계가 경감되도록 하여 경제성을 확보하였다.

표 3.3.2 성능목표

구분		설계용지진동 (DBE:레벨1)	최대예상지진동 (MCE:레벨2)
상부구조	응답가속도	200cm/sec^2	300cm/sec^2
	응답전단력	단기허용력 이하	층 항복내력 이하
	응답전단력계수	단기허용내력시 층전단력계수 이하	층항복시 층전단력계수 이하
면진층	최대수평변위	허용변형량 650mm 이하	
	부상에 의한 인발력	수평력에 의해 부상이 발생하지 않도록 설계	면진장치에 인장력이 작용하지 않도록 설계
하부구조	층답층전단력	단기허용내력 이내	층항복전단력 이내

▌면진층 평면 및 장치 배치계획

LRB(그림 3.3.4 적색) 건물 모서리에 유효직경 φ1500 mm이고 높이 320mm(8mm × 40층=320mm)인 납봉삽입적층고무(LLRB, Large Lead Laminated Rubber Bearing)를 4개 배치하였다. 또한 마찰력이 적은 SBB(그림 3.3.4 청색)장치(SBB, Steel Ball Bearing) 8개를 건물중앙부에 배치하였다. 면진장치의 배치 및 면진층 단면도는 그림 3.3.4과 같다.

건물의 중량은 16,000 tf 이며, 건물 중량의 약 56%정도를 마찰계수 μ=0.001인 SBB에 지지하고 44%를 납봉삽입적층고무 4개가 지지하도록 하여 약 9.5초의 면진주기 달성과 약 30 % 감쇠성능을 확보하도록 하였다.

대구경의 면진장치 LRB가 보유하고 있는 허용변위는 800mm이지만, 부지주변 조건과 EV 샤프트 등 주위의 제약조건으로 설계 허용 변위를 최대한 확보하여 내진목표성능을 확보하고자 허용변위를 650mm로 제한하여 설정하였다.

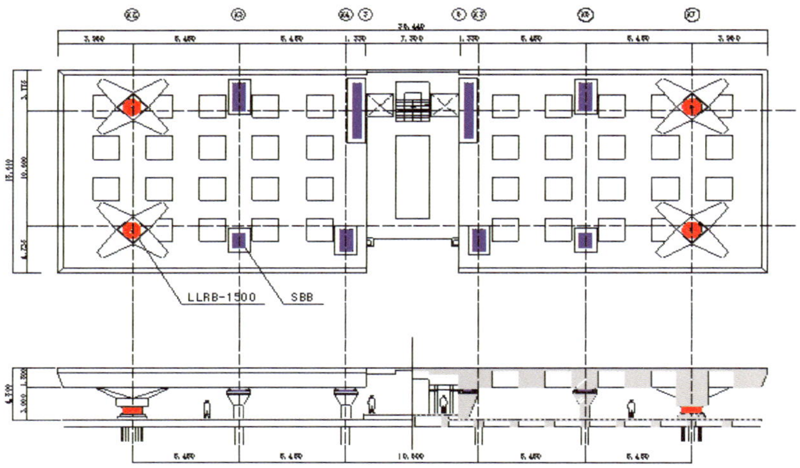

그림 3.3.4 면진장치 배치 및 면진층 단면도

▌면진장치 종류 및 성능

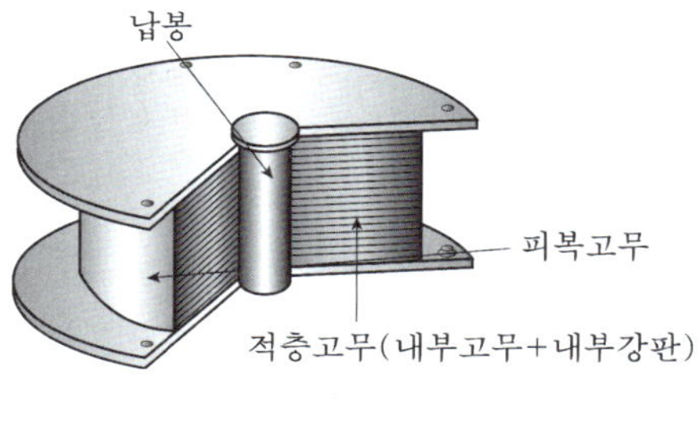

그림 3.3.5 납봉삽입적층고무면진장치(LRB)

그림 3.3.6 볼베어링장치(SBB)

면진장치는 2종류를 선정하여 최적배치를 하였다.

▌면진구조 설계 특징 및 유의사항

- 설계용지진으로 50cm/s 달성
- 안전성능평가용지진으로 100cm/s입력시 안전성능 확인
- 면진주기 9.5sec달성

3.3.4 면진구조 응답해석해석 및 결과

건설지 부근에서 고려할 수 있는 최대지진입력에 대해 검토하였다. 이를 근거로 서울을 진원으로 하는 최대급의 지진을 대상으로 설정한 설계용입력지진동을 표 3.3.3과 같이 설정하였다. 해당 표에서 에너지 이론[3]에 근거하여 설계용 지진동은 Vmax 50cm/s, 안전성능 평가용으로 Vmax 100cm/s로 지진동의 크기를 조정하여 검토하였다.

표 3.3.3 설계용 입력지진동

구분	설계용지진동 (Vmax=50cm/s)		안전성능 평가용지진동 (Vmax=100cm/s)	
	Acc [cm/s²]	Vel [cm/s]	Acc [cm/s²]	Vel [cm/s]
EL CENTRO -NS(1940)	511.5	50.0	1023.1	100.0
TAFT -EW(1952)	496.9	50.0	993.8	100.0
KOBE UNIV -FN(1995)	276.0	50.0	607.2	110.0

표 3.3.4 해석모델과 제원

		W (tf)	ΣW (tf)	X방향 강성 (t/cm)	Y방향 강성 (t/cm)	비고
RH	PH	176.1	176.1			
R	R	889.8	1065.9	5092.5	2276.6	h=2%의 강성비례 감쇠
11	12	1075.3	2141.2	9901.8	4592.3	
10	11	1251.0	3392.2	11317.3	5357.4	
9	10	1283.7	4675.9	12043.7	5794.3	
8	9	1283.7	5959.6	11628.7	6165.0	
7	8	1283.7	7243.3	11777.8	6470.1	
6	7	1283.7	8527.0	12038.3	6837.0	
5	6	1283.7	9810.7	12262.3	7185.1	
4	5	1283.7	11094.4	12671.5	7849.2	
3	4	1313.3	12407.7	12978.0	8224.1	
2	3	1283.7	13691.4	13516.4	8658.7	
1	2	2918.2	16609.5	15390.7	9333.5	
M		-	-	면진장치이력		면진장치 이력감쇠

지진응답해석은 다질점계로 하였으며 해석결과는 다음과 같다.

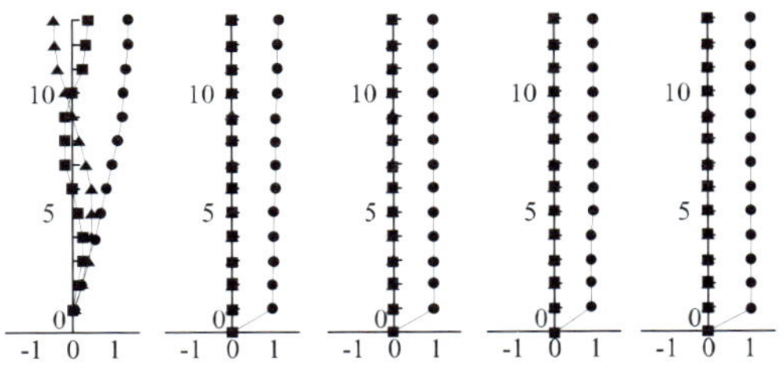

그림 3.3.7 X방향 고유모드

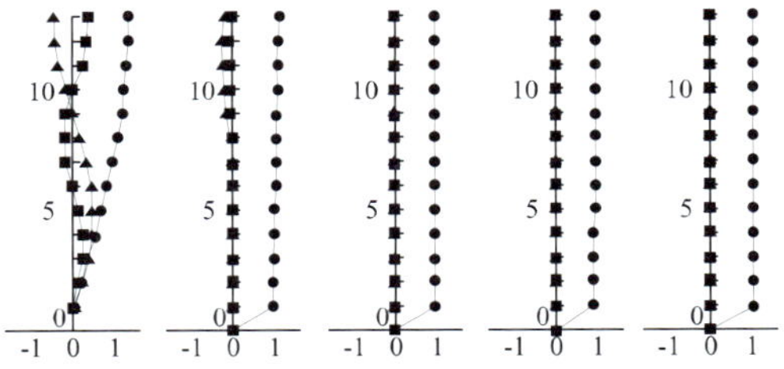

그림 3.3.8 Y방향 고유모드

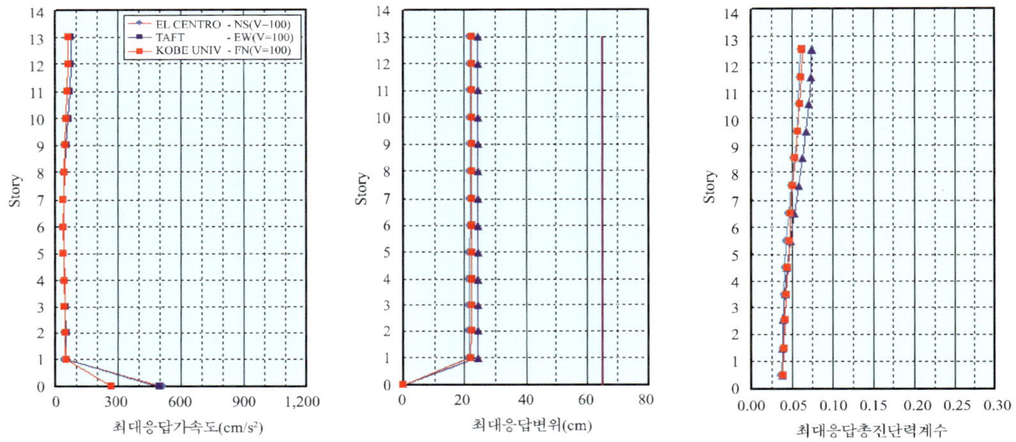

그림 3.3.9 Vmax=50cm/s 입력시의 안전성능(X방향)

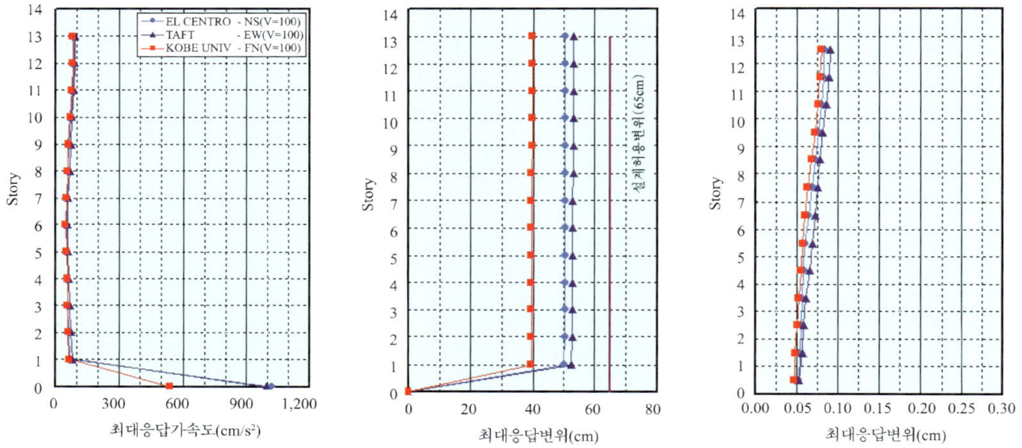

그림 3.3.10 Vmax=100cm/s 입력시의 안전성능(X방향)

- 설계용 지진동(Vmax = 50 cm/s) 입력시 각 층의 최대 응답가속도는 Amax =100 cm/s^2 이하로 지진시 가구등의 전도우려가 없다.
  - 면진장치의 최대 변형능력 65 cm로 해석결과 30 cm에 대해 안전여유도 충분히 확보되었다.
  - 상부구조의 응답밑면전단력 계수는 0.04정도로 지진력 저감효과가 우수하다.

- 안전성능 평가용 지진동(Vmax = 100 cm/s) 입력시 각 층의 최대 응답가속도는 Amax =150 cm/s^2 이하로 가구의 전도가속도 이하로 전도우려가 없다.
  - 면진장치의 최대 변형능력 65 cm이고 해석결과 55 cm의 변형이 예상되어 안전성능이 확인되었다.
  - 상부구조의 응답밑면전단력 계수는 0.08 정도로 확인되었다.

따라서 우수한 면진성능을 발휘하고 있으며, 최대고려지진시 변위에도 건물의 안전성은 충분하게 확보되었다.

3.3.5 면진장치의 시공과정

면진장치의 시공은 다음의 그림 3.3.11과 같이 실시하였다.

(a) LRB면진장치 페데스탈 철근 배근

(b) LRB 베이스플레이트 설치

(c) 페데스탈 콘크리트 타설

(d) 충진도확인 후 그라우트

(e) LRB 면진장치 설치

(f) 면진층(준공후)

(g) SBB 하부 페데스탈 철근 배근

(h) SBB하부 베이스플레이트 설치

(i) SBB 면진장치 인양

(j) SBB 면진장치 설치

(k) 면진층

(l) 2층 바닥(전이층)

그림 3.3.11 시공 과정

3.4 서산시 예천동 주민복지관

서산시 예천동 주민복지관은 한국토지주택공사 토지주택연구원과 동일고무벨트(주)가 공동으로 수행한 "RC 건물의 면진기법 적용을 위한 설계지침서 작성 및 실용화 연구"의 실적용 사례이다. 면진설계지침서를 제정하고 실제 면진효과에 대한 검증실험을 실시하는 등 실무적용을 위한 기술적인 기반을 구축하였다. 본 사례에서 사용된 도면 및 사진들은 한국토지주택공사 토지주택연구원과 동일고무벨트(주)에서 공동발간한 '면진기법 시험적용 및 성과분석'(2005)에서 인용하였다.

3.4.1 건축개요

그림 3.4.1 전경

표 3.4.1 개요

건축용도	공공부대시설		
규모	지상 2층, 지하 1층		
연면적	1,097.79m^2		
건물높이	8.9m		
상부구조종별	철근콘크리트조, 중간층면진		
위치	서산시 예천동		
준공년도 (시공기간)	2005		
면진장치 종류	NRB, BSL / 17set		
발주처	대한주택공사	구조 및 면진설계	(주)아키니어링
시공사	요진산업(주)	면진장치 제조 및 공사	동일고무벨트(주)

3.4.2 건축계획

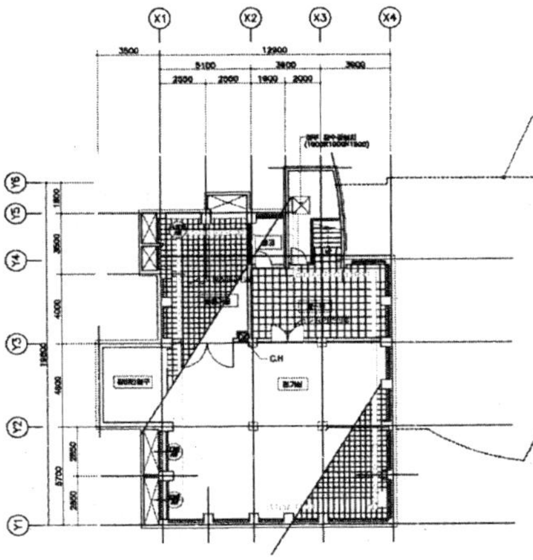

(a) 지하층

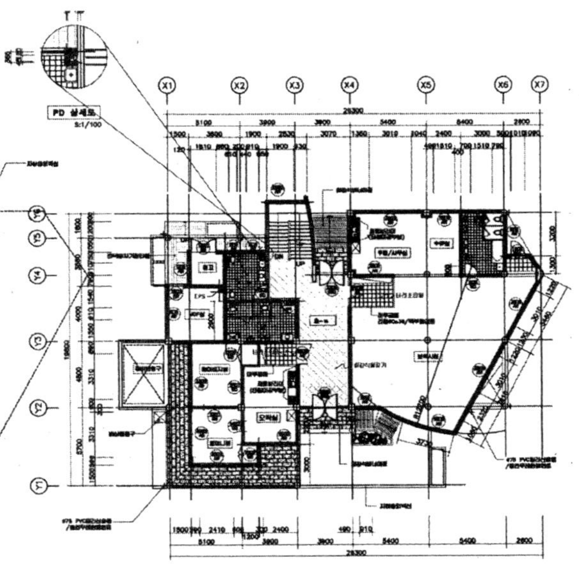

(b) 1층

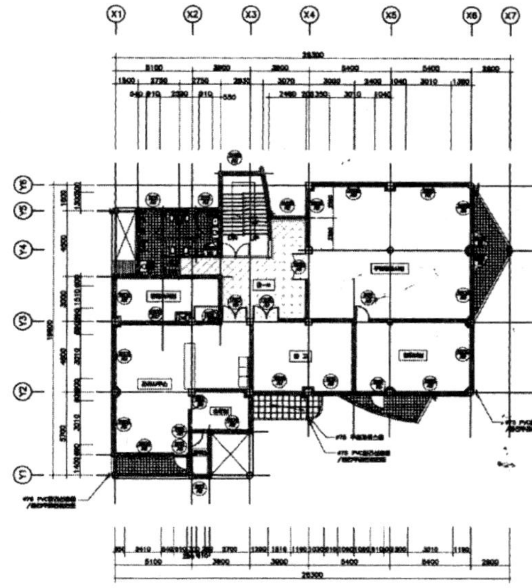

(c) 2층

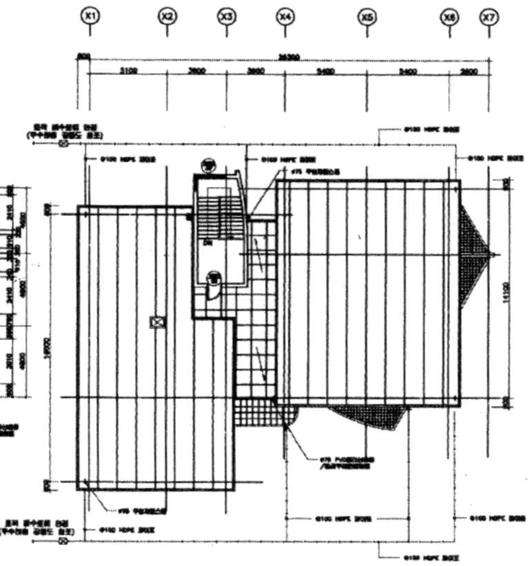

(d) 지붕

그림 3.4.2 **평면도**

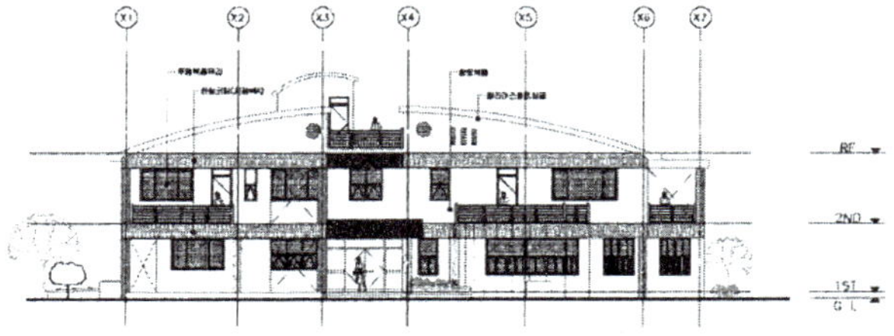

(a) 남측 입면도

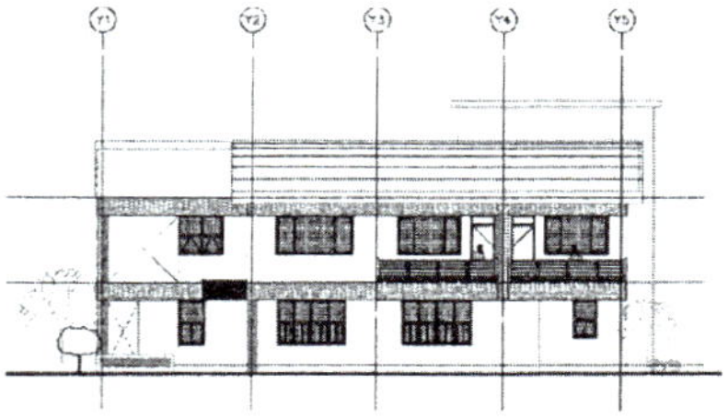

(b) 동측 입면도

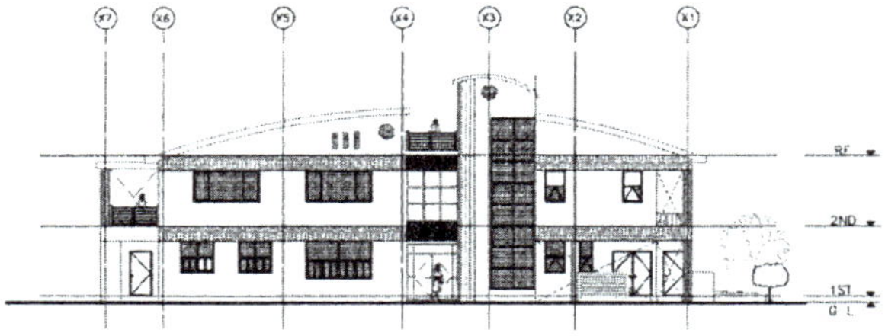

(c) 북측 입면도

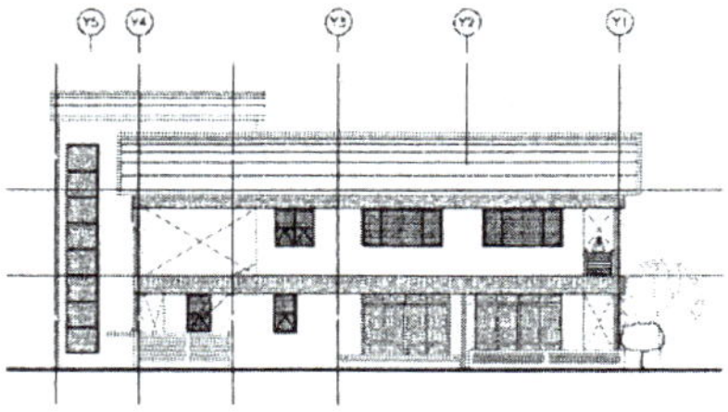

(d) 서측 입면도

그림 3.4.3 입면도

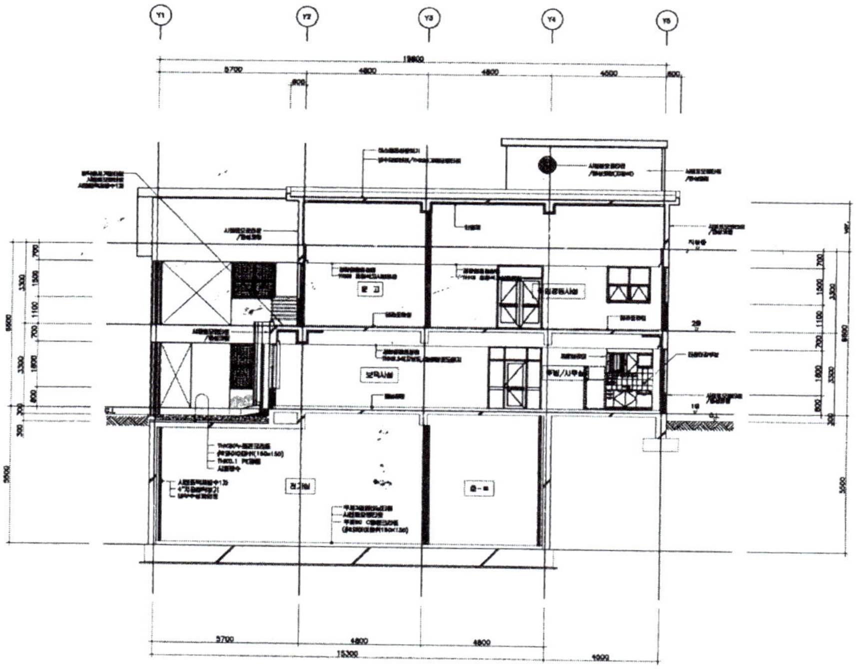

(a) 종단면도

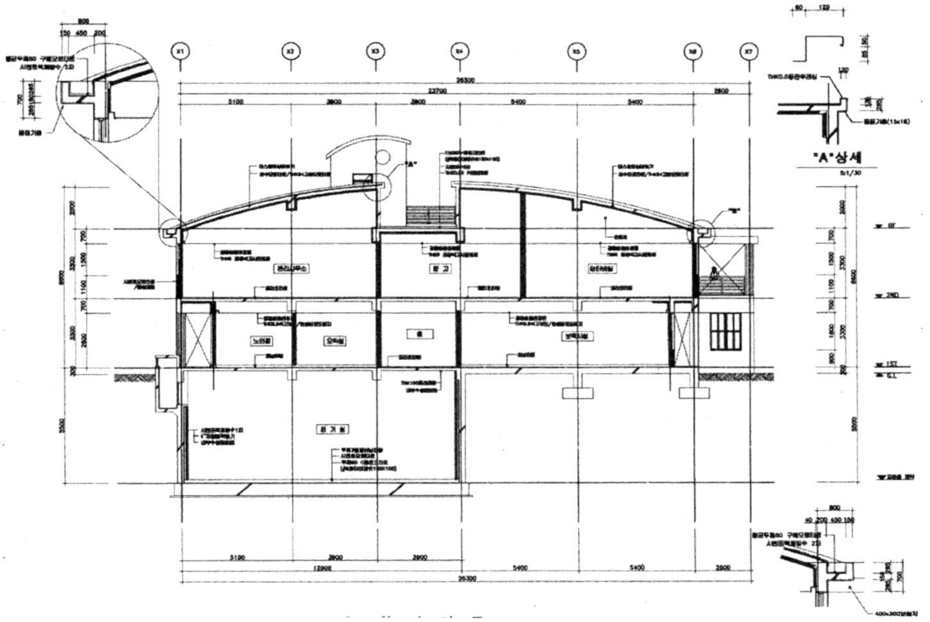

(b) 횡단면도

그림 3.4.4 단면도

3.4.3 면진구조계획

본 프로젝트는 당초 내진설계 적용대상이 아니었으며, 횡단면도와 같이 지하 좌측 부분에만 전기실을 배치하고 독립기초로 계획하였다. 상부층은 X2, X3, X4열, X5열에 기둥을 배치하도록 계획하였으나, 면진구조를 적용하여 상부층 X2와 X5열의 기둥은 없애고 일방향 슬래브로 구조계획을 변경하고 내진성능 확보를 도모하였다. 또한 지하층을 확장하여 면진설계의 시공 및 실증시험에 이르는 전 과정을 전시하는 공간으로 계획을 변경하였다.

▌면진층 평면 및 장치 배치계획

면진층은 1층 슬래브 하부에 배치하여 터파기의 면적이 증가하여 공사비가 상승되는 것을 방지하였다.

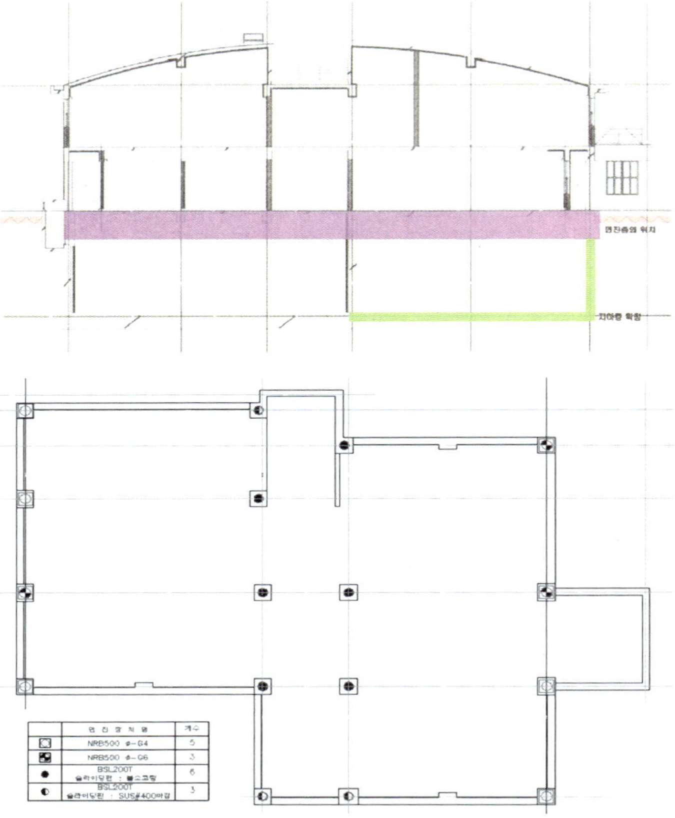

그림 3.4.5 면진층 장치 배치

▌면진구조 성능목표

표 3.4.2 성능목표

항목	목표	
설계지진력	Level 1	Level 2
	지진계속시간을 M7.0에 상당(60sec)하도록 한 것 PGV=200mm/s	지진계속시간을 M8.0에 상당(120sec)하도록 한 것 PGV=400mm/s
강성중심/질량중심 편심율	비틀림에 의한 영향을 최소화하기 위해 편심거리는 1,000mm 이하, 편심율은 3.0% 이하를 만족함.	
면진층 항복강도	설계풍하중에 대해 항복이 발생하지 않도록 면진층의 항복강도는 설계풍하중 264kN보다 크도록 설계함.	
면진층 허용변위	면진층의 설계최대변위 200mm는 면진장치의 허용변위 320mm를 만족함.	
면진상부층 허용가속도	내부 구조체/비구조체의 전도를 방지하기 위하여 면진상부층의 가속도는 $200cm/s^2$ 이하를 만족함.	

면진구조 설계특징

실제 건물의 면진 변형 시험 수행하여 면진구조의 효과 검증

면진장치 종류 및 성능

NRB (Natural Rubber Bearing) 고무의 탄성거동에 의한 복원효과	BSL (Sliding Bearing) 면진효과를 위하여 낮은 전단강성으로 변형유도
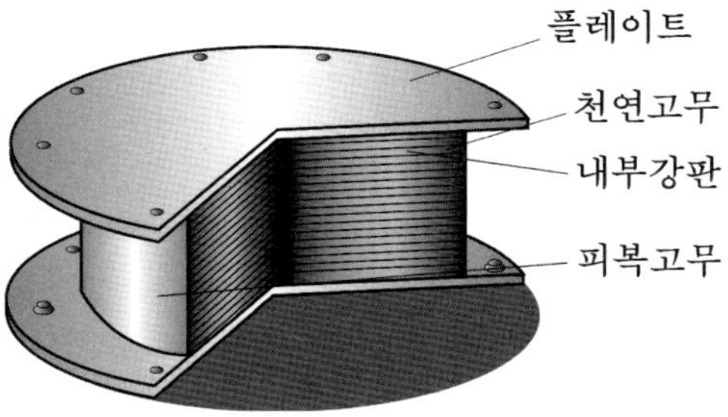	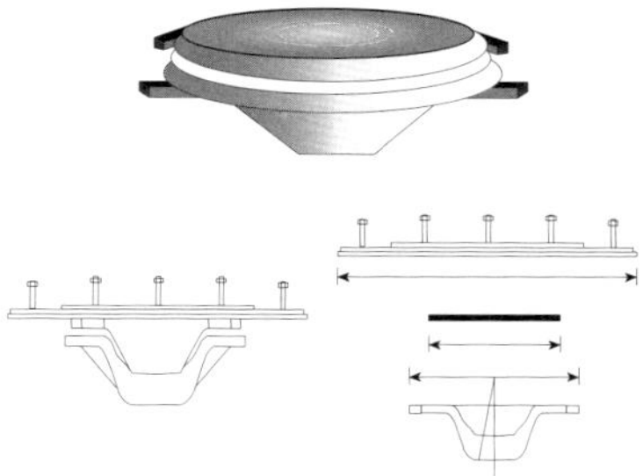
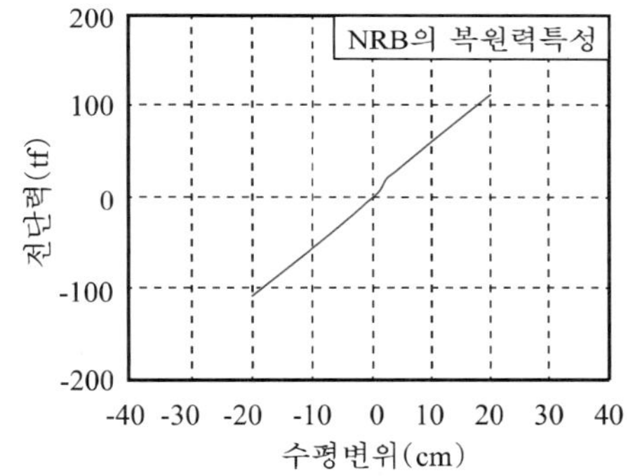	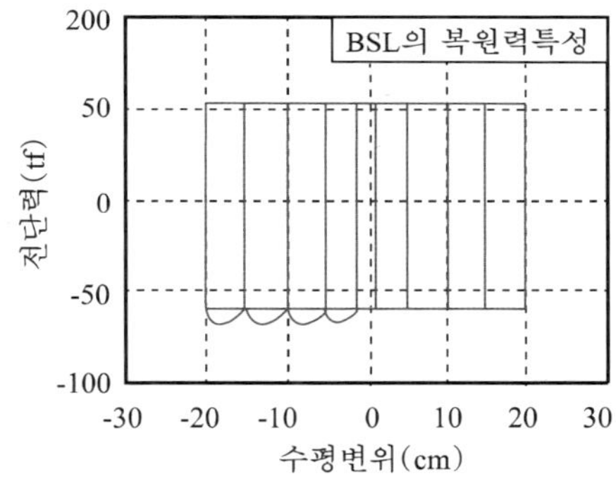
(a) NRB	(b) BSL

그림 3.4.6 면진장치

3.4.4 면진구조 응답해석 및 결과

표 3.4.3 입력 지진동

입력지진동	Level 1			Level 2		
	A_{max}	V_{max}	D_{max}	A_{max}	V_{max}	D_{max}
	mm/s²	mm/s	mm	mm/s²	mm/s	mm
EL CENTRO NS (1940)	2,010	200	60	4,020	400	120
TAFT EW (1952)	1,050	200	110	2,110	400	210
HACHINOHE NS (1968)	1,910	200	80	3,830	400	160
HACHINOHE EW (1968)	1,990	200	110	3,930	400	200
KKAW 2M7*1)	-	-	-	3,830	360	300
KKAW 2M8*2)	-	-	-	3,250	420	250

*1) 아주 드물게 발생하는 지진동으로 지진계속시간을 M7에 상당(60sec)하도록 한 것
*2) 아주 드물게 발생하는 지진동으로 지진계속시간을 M8에 상당(120sec)하도록 한 것

표 3.4.4 진동해석모델

층	모형	중량(kN)		수평강성(kN/mm)	
		W_i	ΣW_i	K_x	K_y
R		7,290	7,290	333	150
2		7,920	15,210	365	381
1		9,190	24,400	면진층	
X방향 (● 1차 모드, ▲ 2차 모드, ■ 3차 모드)	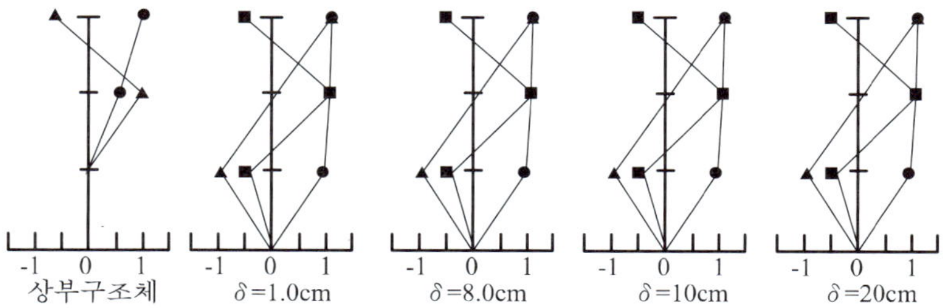				
X방향 (● 1차 모드, ▲ 2차 모드, ■ 3차 모드)	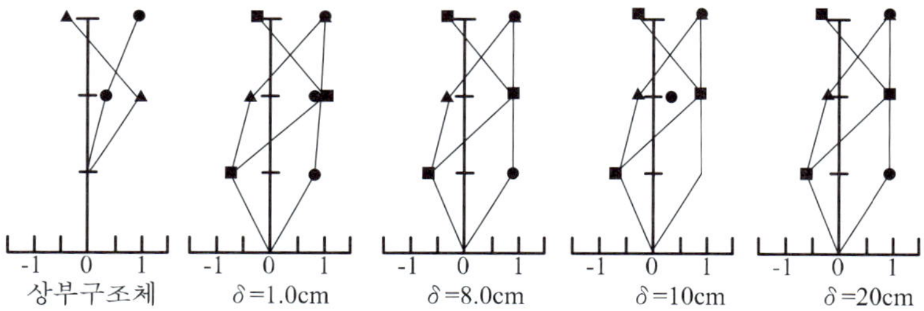				

■ 면진장치 및 구조물 이력모델

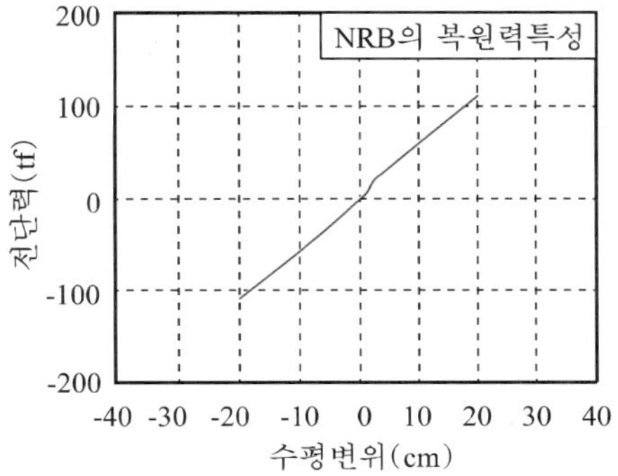

(a) NRB의 복원력 특성

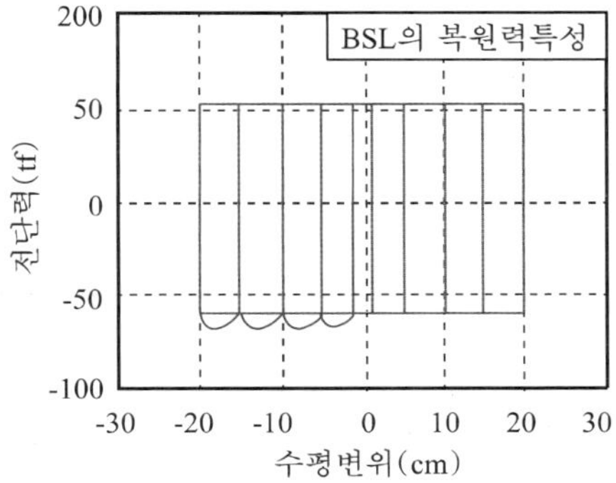

(b) BSL의 복원력 특성

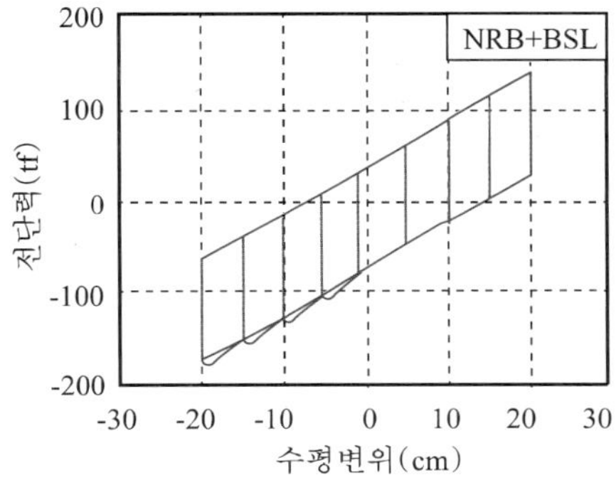

(c) 전체 시스템의 복원력 특성

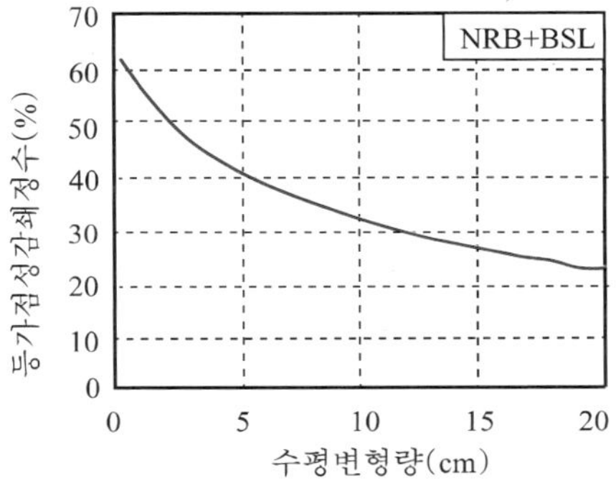

(d) 면진장치의 변형과 등가감쇠정수와의 관계

그림 3.4.7 장치 및 시스템 이력

▌시간이력 지진응답해석 결과

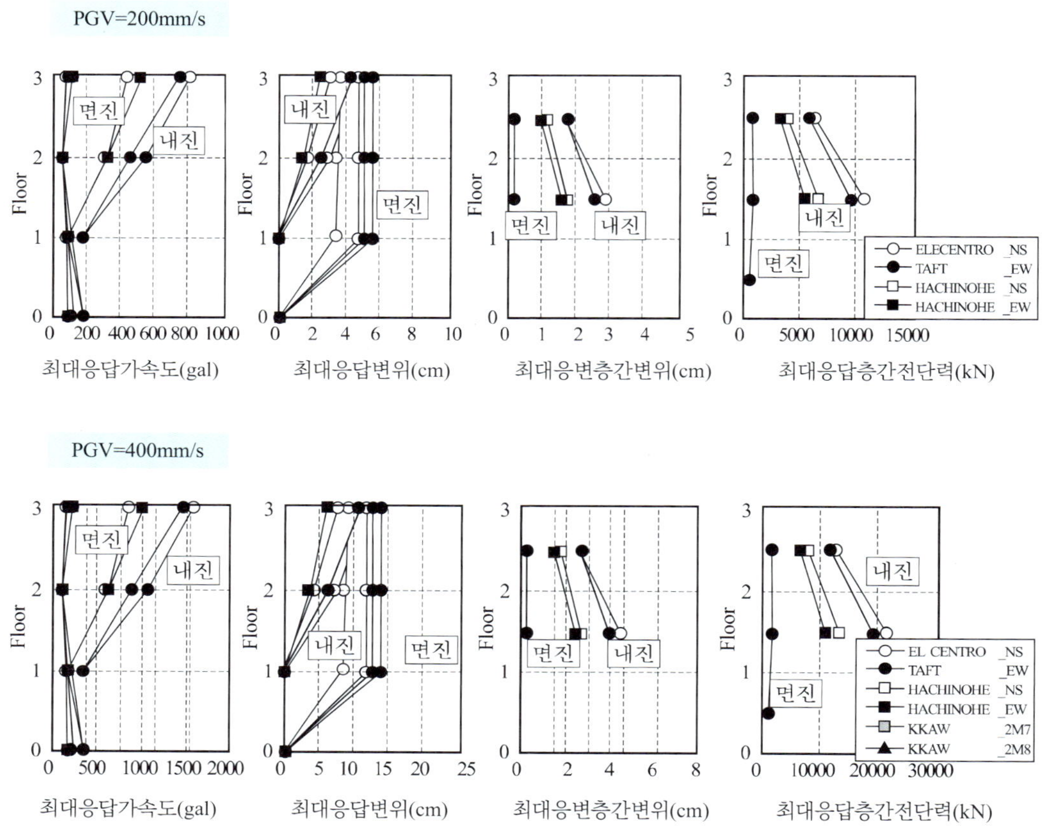

그림 3.4.8 최대 응답

▌면진장치 성능검사

(a) NRB 성능시험

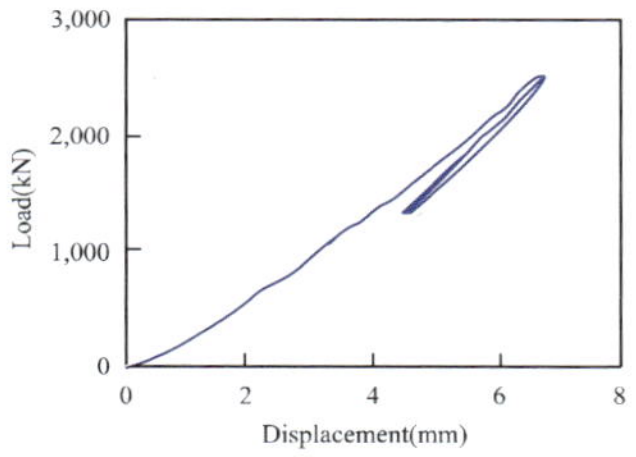

(b) NRB - 압축성능

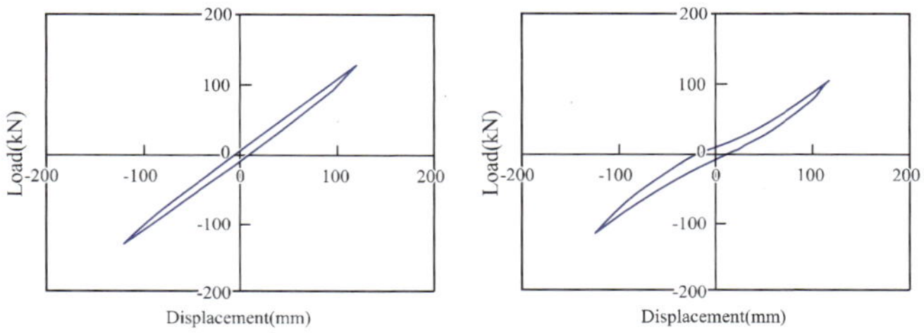

(c) NRB - 전단성능

그림 3.4.9 성능시험(NRB)

(a) BSL 성능시험

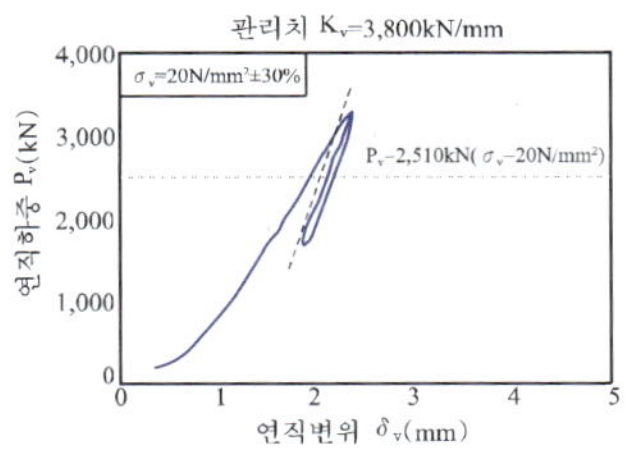

(b) BSL - 압축성능

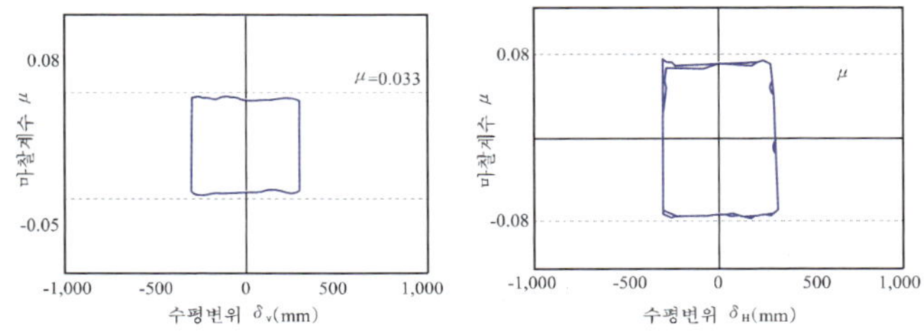

(d) BSL - 전단성능

그림 3.4.10 성능시험(BSL)

3.4.5 면진장치의 시공과정

(a) 하부 베이스플레이트 설치 및 수평 조절

(b) 거푸집 설치

(c) 페데스탈 무수축몰탈 타설

(d) 면진장치 인양

(e) 면진장치 설치

(f) 볼트 조립

그림 3.4.11 면진장치 시공

▌면진구조 실물 실증 실험

면진설계로 설계변경을 할 당시에는 실물 실증실험을 계획하지 않았으나, 기존 실무자들이 면진설계의 해석적 결과와 면진장치를 적용한 결과 사이에 의구심이 있었다. 이에 주택연구원과 요진건설 및 동일고무벨트의 협조를 받아 골조공사가 완료한 후 반력벽을 설치하여 JACK로 밀어 면진층의 복원력 특성을 확인하기로 하고 실험계획을 수립하였으며, 국내 최초의 실증실험으로 대한주택공사 주택연구소 주관으로 공개실험을 실시하였다.

실험은 지하층 옹벽을 반력으로 하여 50ton Jack 2대를 양쪽에 배치하고 양쪽 옹벽에 가이드를 설치, 1방향으로 설계 변위의 1/2 정도인 125mm 까지 가력하여 Skeleton Curve와 설계시 이력특성을 비교한 결과 약 95% 정도로 설계치와 동일하게 거동함을 확인하였다.

면진건물의 실물실증 실험 결과, 풍하중 레벨에 대하여 면진시스템이 항복하지 않고 Trigger역할을 하고 있어 사용성을 충분히 확보하였으며, 실험을 통해 추정된 설계 최대변위에서의 등가강성은 설계값의 약 95.8% 수준으로 면진장치의 특성이 설계값과 잘 일치하고 있음을 확인하였다.

(a) 실물 전경

(b) 면진층

그림 3.4.12 실물 실증 시험

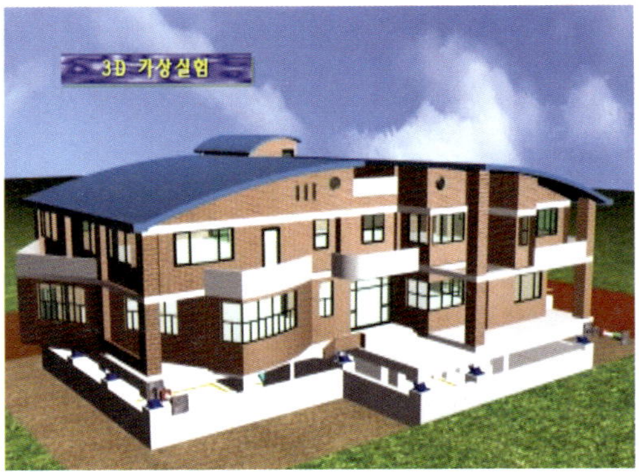

(a) 3D 가상실험

(b) 3D 가력장치

(c) 실물실증 실험용 가력장치 설치

(d) 실물실증 실험용 반력벽

(e) 설계변위의 약1/2

(f) 면진장치의 변형

그림 3.4.13 가력 및 변형

3.5 김포 고촌 현대힐스테이트 3단지

3.5.1 건축개요

그림 3.5.1 전경

표 3.5.1 개요

건축용도	공동주택
규모	지하 2층 / 지상 15층
건축면적	3단지 7개동 (203세대) 중/ 4개동 (98세대), 4,157.82 ㎡
상부구조종별	철근콘크리트구조+중간층면진
위치	김포 고촌 현대힐스테이트 3단지
준공년도 (시공기간)	2006
면진장치 종류	NRB, LRB

발주처	현대건설(주)	면진장치 제조	유니슨HKR(주)
건축설계	(주)원양건축	제진장치 제조	-
구조설계	(주)선우구조	시공	현대건설(주)
면진설계	(주)선우구조, 유니슨HKR(주), 고려대학교	시공감리	-

3.5.2 건축계획

경기도 김포시 고촌면 신곡리 619-7 번지 일원에 신축되는 김포고촌 도시개발사업 아파트(3단지)에 관한 것이며, 아파트는 60 A 평형, 60 B 평형, 60 C 평형으로 되어있으며, 그 중에서 60 A 평형은 14층의 판상형 아파트로서 면진구조로 설계 되었다.

건물 3층의 Transfer Plate 하부와 기둥상단에 면진장치를 설치하는 중간층 면진구조를 채택하였다.

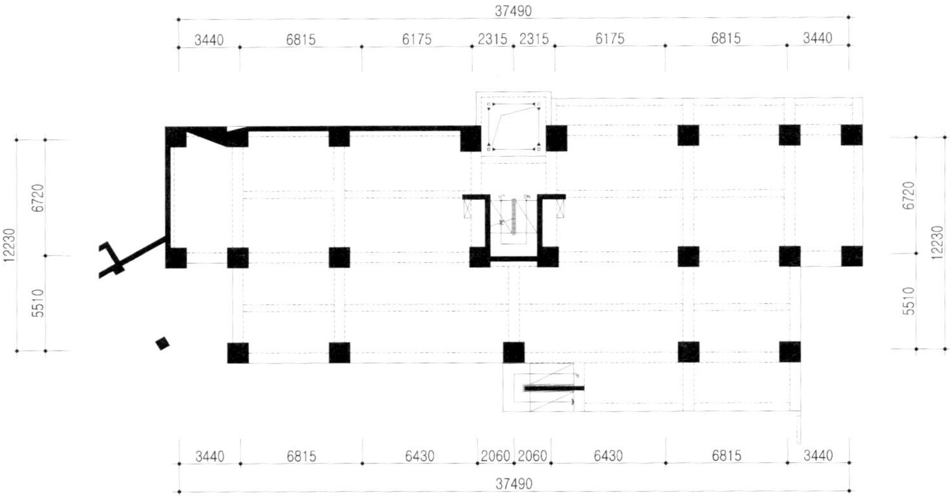

그림 3.5.2 평면도

그림 3.5.3 단면도

3.5.3 면진구조 계획

면진구조 성능목표

• 본 건물에 대하여 상시하중인 풍하중시 충분히 안정거동을 하도록 초기강성을 유지하고 지진하중의 대변형 발생시 장주기화를 목표로 가속도 응답을 일반내진모델 보다 3배 이상 줄이도록 항복후 강성 및 유효강성을 결정하였으며, 전단변형시 좌굴하중의 안정성을 고려하였다.

표 3.5.2 성능목표

면진장치	고무두께:6mm- 고무층수: 48층 -높이 469mm	
설계풍하중	219.3 tonf	
풍하중할증	219.3tonf ×1.3 = 285tonf	
계획동	301동, 302동	303동, 304동
수직하중	11478tonf	10911tonf
	고정하중 (9916tonf) 활하중 (1562tonf)	고정하중(9411tonf) 활하중(1500tonf)
유효강성	31.2 tonf/cm	30.6 tonf/cm
진동주기	4.11 초	4.19 초

면진층 평면 및 장치 배치계획

• 면진장치는 연직하중의 약 50%를 중앙의 천연고무계면진장치가 지지하고 납봉삽입면진장치를 외곽부에 배치하여 비틀림저항성을 크게하여 편심에 저항하도록 배치하였다.

• 층간 변형각은 시간이력해석에서 적용한 지진파의 종류 및 크기에 관계없이 모두 0.2% 이하로 나타나 상기 규정값인 1.5%보다 1/10 이하의 값을 나타내고 있어 안전한 것으로 검토하였다.

• 시간이력 해석결과에 의한 최대지진시 면진층의 변위는 인공지진파의 경우 최대 20cm 이내로서 면진장치 극한전단변형의 약 50% 이하의 값을 보여 안전하였다.

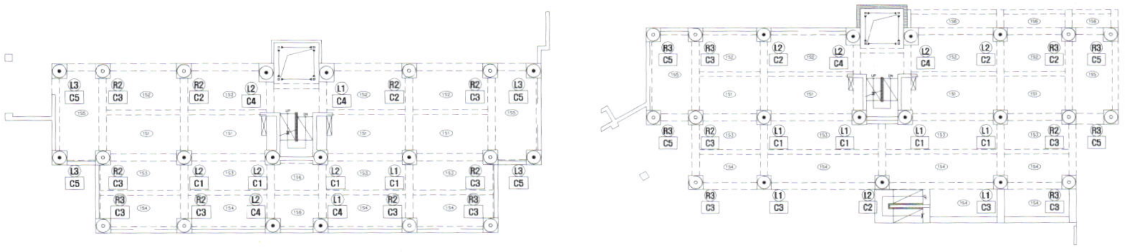

(a) 301동, 302동　　　(b) 303동, 304동

그림 3.5.4 면진장치 배치도(NRB, LRB)

면진장치 종류 및 성능

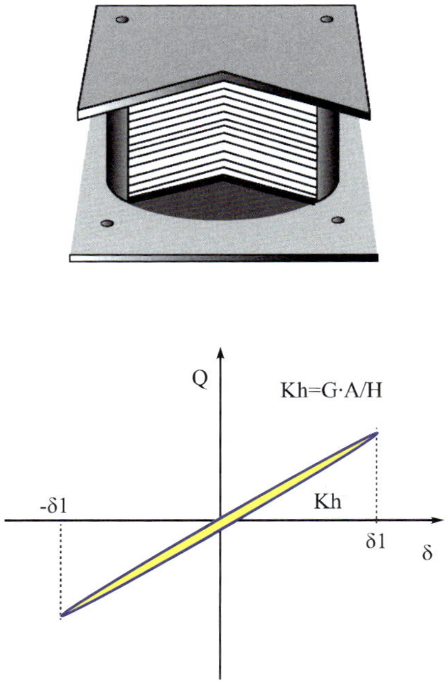

그림 3.5.5 천연고무계적층고무면진장치(NRB)

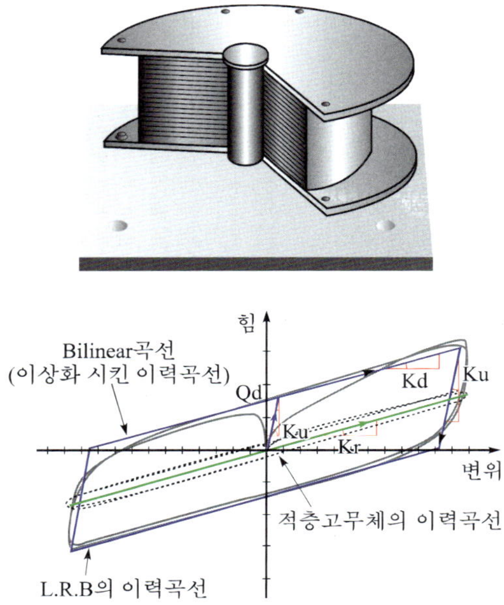

Qd=항복하중 특성값　Ku=초기강성
Kd=항복후강성　Kr=고무체의 수평강성

그림 3.5.6 납봉삽입적층고무면진장치(LRB)

면진장치는 2종류를 선정하여 최적배치를 하였다.

면진구조 설계 특징 및 유의사항

- ASCE 7-02 규정을 바탕으로 김포고촌 현대아파트의 면진해석 및 설계를 진행함.
- 최소 설계횡력 산정을 위한 면진장치의 최대유효강성은 각 동별로 적용된 전체 면진장치의 시험값과 계산값과의 편차로부터 kDMAX 계수로 1.1로 결정하였다.
- ASCE 7-02 규정에서 요구하는 바에 따라 가속도 스펙트럼을 기준으로 지진파 생성 방법을 검토하여야하며, 이에 따라 인공지진파 및 외국의 대표적인 측정지진파에 대한 시간 이력해석을 실시하였다.

3.5.4 면진구조 응답해석해석 및 결과

▌입력 지진파

• 인공지진파 산출방법

- 대상 구조물의 지진종류와 같은 조간의 지반에서 계측되는 것을 사용하며, 수평방향으로 상호 직교하는 두 성분을 한 쌍으로 구성하였다.
- 지진파의 크기조절 시에는 최소한 3개 이상의 지진파를 사용하였다.
- 각 지진잪에서 직교하는 두 성분의 5% 감쇄 가속도 스펙트럼을 작성하고 직교 방향 두 스펙트럼 성분을 최소자승법(SRSS)에 의해 조합하였다.
- 최소자승법에 의해 조합된 3개 이상 지진파의 평균을 구한다.
- 3개 이상 지진파의 평균 가속도 스펙트럼 값이 주기 0.5TD 초부터 1.25Tm 초 구간에서 설계 스펙트럼의 1.17배 이하가 되지 않도록 계수값을 조정하였다.

• 입력 인공 지진파

- 본 구조물에 적용된 지진파는 3개의 인공지진파(El centro, Taft, Hachinoe) 및 외국에서 측정된 대표적인 지진파 3개를 각각 산정하여 구조해석을 실시하였으며, 위의 산출방법에 따라 스케일하여 설계지진으로 활용하였다.

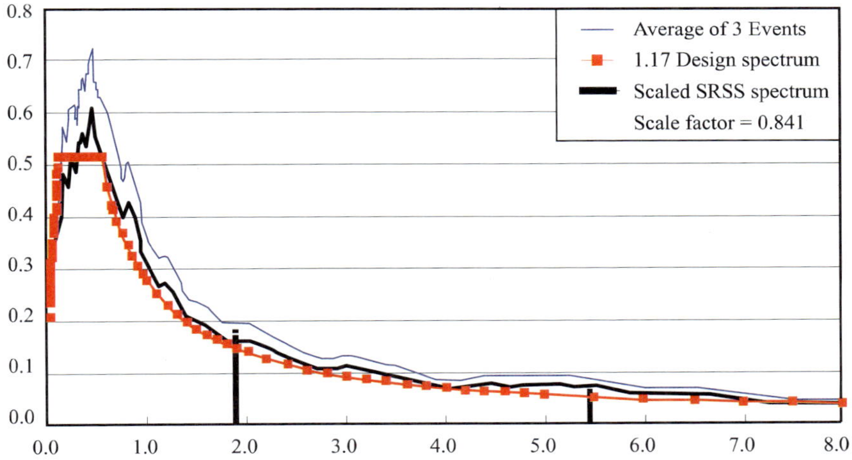

그림 3.5.7 작성한 시간이력 가속도

CHAPTER 03 면진건축물 설계 사례

구조해석 프로그램

- 상부구조 응력해석과 단면설계 프로그램 : Midas Gen
- 시간이력 지진응답해석 프로그램 : Midas Gen

구조부재의 이력모델

- 상부구조의 하중증분해석 결과 각 층별 Skeleton Curve는 그림 3.5.8~3.5.9와 같다.

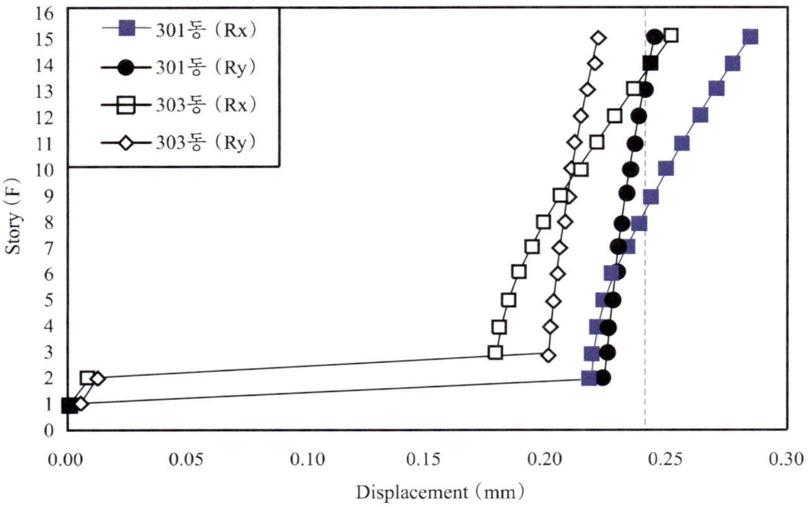

그림 3.5.8 응답스펙트럼 해석에 의한 최대지진시 층 변위응답

면진장치별 이력모델

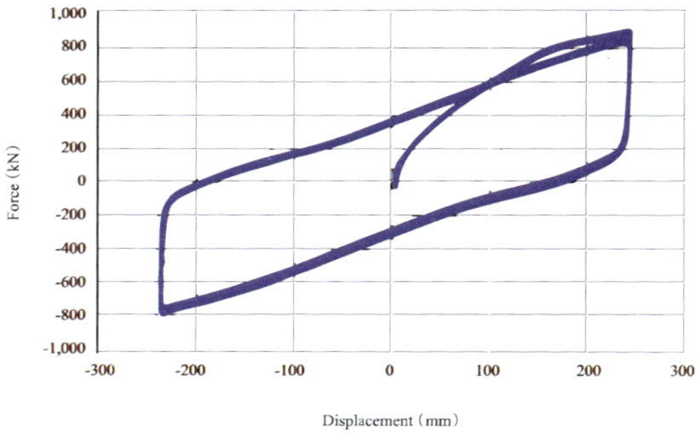

(a) LRB2 전단시험 100%(±240mm)

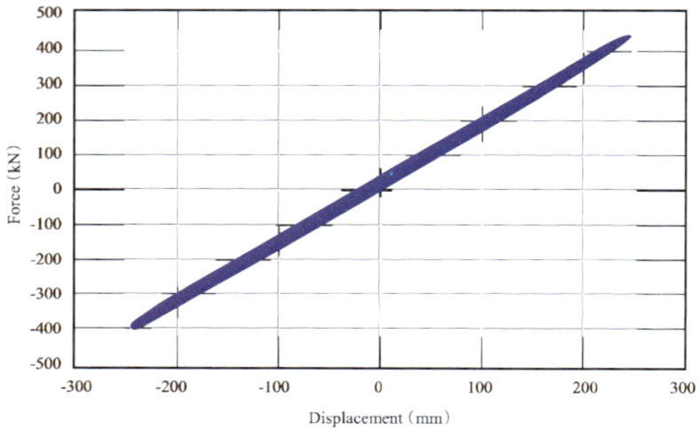

(b) RB3 전단시험 100%(240mm)

그림 3.5.9 전단시험

- 그림 3.5.9(a)는 Production Test에 의한 LRB의 이력특성이다.
- 그림 3.5.9(b)는 Proto Type Test에 의한 RB의 이력특성이다.

▌시간이력 지진응답해석 결과

표 3.5.3 시간이력해석 결과 (Scale 조정된 지진파 EL Centro)

<table>
<tr><td rowspan="2">구분</td><td colspan="12">면진 시스템 (R_I =1.6875)</td></tr>
<tr><td colspan="6">301동</td><td colspan="6">303동</td></tr>
<tr><td rowspan="2">고유주기
(sec)</td><td colspan="3">X-Dir(장변)</td><td colspan="3">Y-Dir(단변)</td><td colspan="3">X-Dir(장변)</td><td colspan="3">Y-Dir(단변)</td></tr>
<tr><td colspan="3">4.19</td><td colspan="3">4.07</td><td colspan="3">4.11</td><td colspan="3">4.00</td></tr>
<tr><td>상부구조중량
(tonf)</td><td colspan="6">11478</td><td colspan="6">10911</td></tr>
<tr><td rowspan="2">풍하중검토
(tonf)</td><td colspan="6">항복강도</td><td colspan="6">항복강도</td></tr>
<tr><td colspan="6">285</td><td colspan="6">285</td></tr>
<tr><td>입면도/
배치안</td><td colspan="6">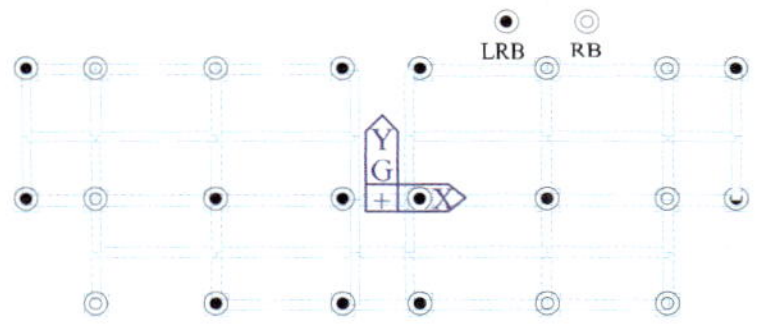
</td><td colspan="6">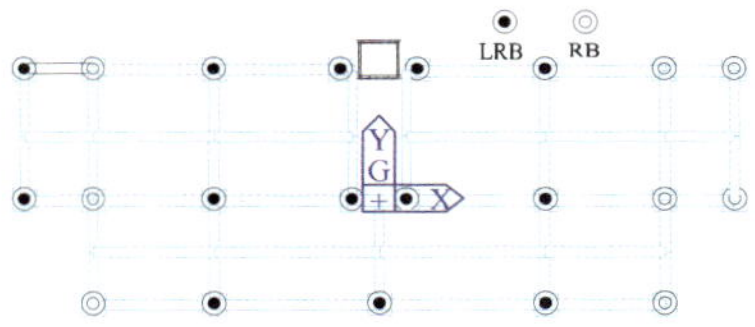
</td></tr>
<tr><td rowspan="3">밑면전단력
(tonf)</td><td colspan="2">해석방법</td><td colspan="2">X-Dir</td><td colspan="2">Y-Dir</td><td colspan="2">해석방법</td><td colspan="2">X-Dir</td><td colspan="2">Y-Dir</td></tr>
<tr><td colspan="2">스펙트럼</td><td colspan="2">605</td><td colspan="2">585</td><td colspan="2">스펙트럼</td><td colspan="2">266</td><td colspan="2">328</td></tr>
<tr><td colspan="2">시간이력</td><td colspan="2">326</td><td colspan="2">369</td><td colspan="2">시간이력</td><td colspan="2">449</td><td colspan="2">553</td></tr>
<tr><td>층간변위
시간이력
EL centro
(cm)</td><td colspan="6">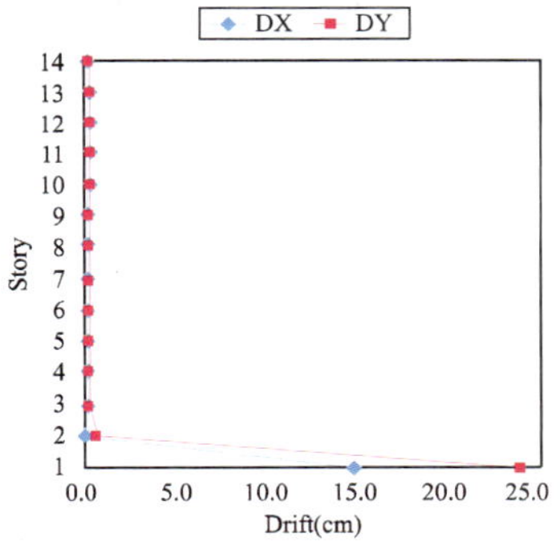
</td><td colspan="6">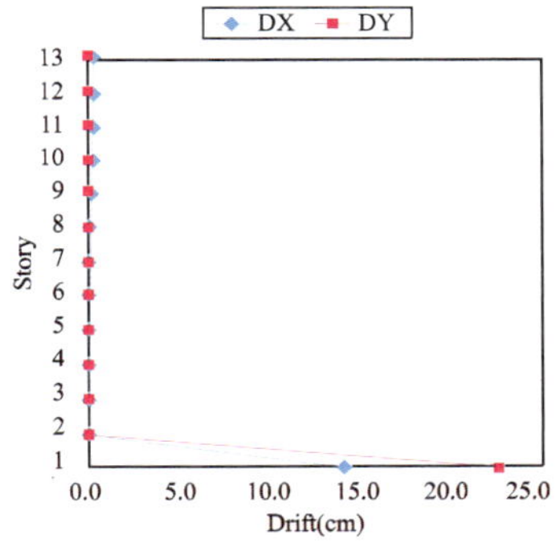
</td></tr>
<tr><td>층전단력
시간이력
EL centro
(tonf)</td><td colspan="6">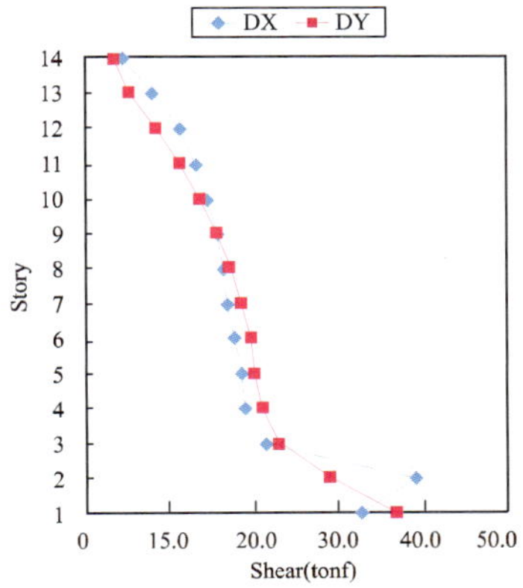
</td><td colspan="6">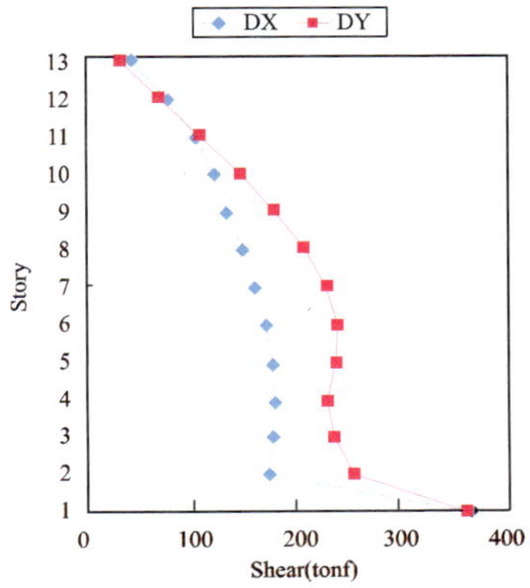
</td></tr>
</table>

표 3.5.4 시간이력해석 결과 (Scale 조정된 지진파 Taft)

<table>
<tr><td rowspan="2">구분</td><td colspan="6">면진 시스템 (R_I =1.6875)</td></tr>
<tr><td colspan="3">301동</td><td colspan="3">303동</td></tr>
<tr><td rowspan="2">고유주기 (sec)</td><td colspan="2">X-Dir(장변)</td><td>Y-Dir(단변)</td><td colspan="2">X-Dir(장변)</td><td>Y-Dir(단변)</td></tr>
<tr><td colspan="2">4.19</td><td>4.07</td><td colspan="2">4.11</td><td>4.00</td></tr>
<tr><td>상부구조중량 (tonf)</td><td colspan="3">11478</td><td colspan="3">10911</td></tr>
<tr><td rowspan="2">풍하중검토 (tonf)</td><td colspan="3">항복강도</td><td colspan="3">항복강도</td></tr>
<tr><td colspan="3">285</td><td colspan="3">285</td></tr>
<tr><td>입면도/ 배치안</td><td colspan="3">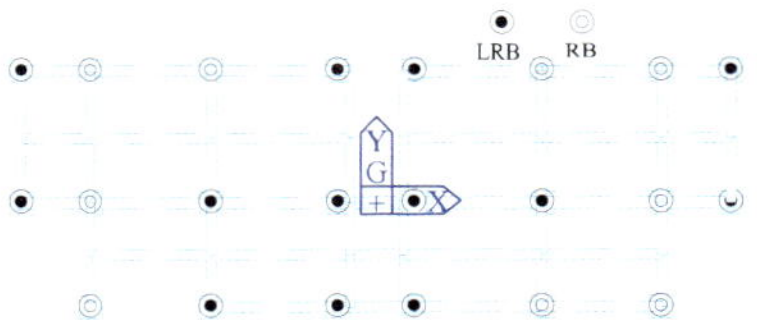
</td><td colspan="3">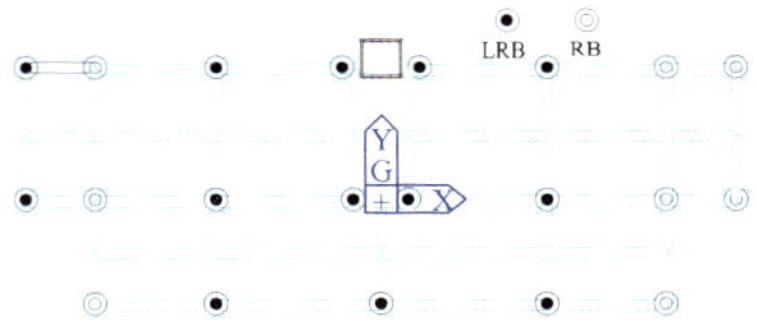
</td></tr>
<tr><td rowspan="3">밑면전단력 (tonf)</td><td>해석방법</td><td>X-Dir</td><td>Y-Dir</td><td>해석방법</td><td>X-Dir</td><td>Y-Dir</td></tr>
<tr><td>스펙트럼</td><td>605</td><td>585</td><td>스펙트럼</td><td>266</td><td>328</td></tr>
<tr><td>시간이력</td><td>193</td><td>202</td><td>시간이력</td><td>177</td><td>203</td></tr>
<tr><td>층간변위 시간이력 Taft (cm)</td><td colspan="3">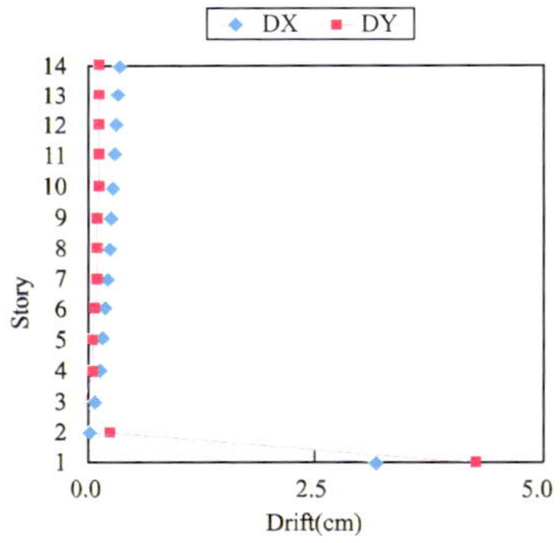
</td><td colspan="3">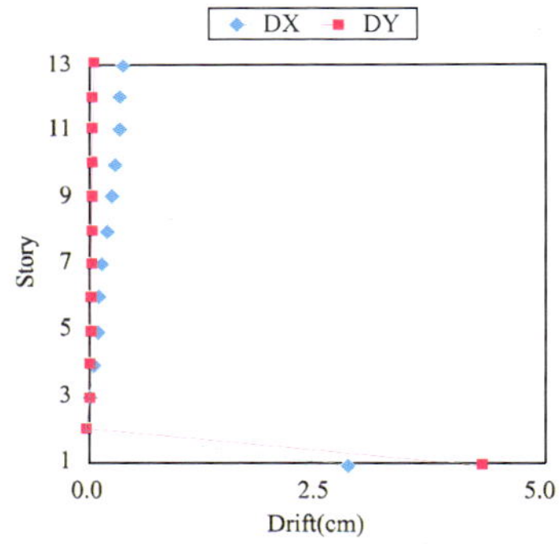
</td></tr>
<tr><td>층전단력 시간이력 Taft (tonf)</td><td colspan="3">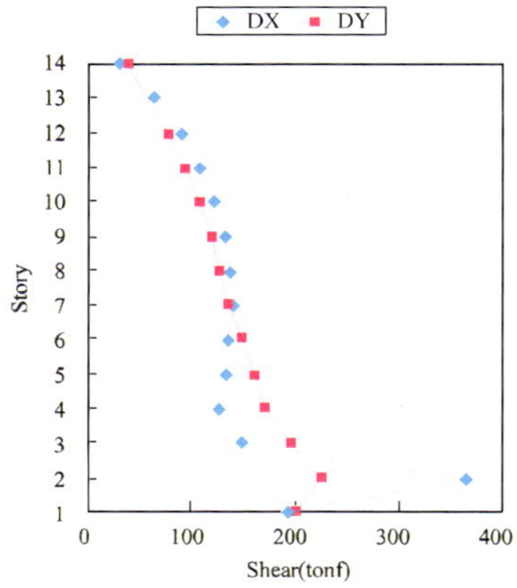
</td><td colspan="3">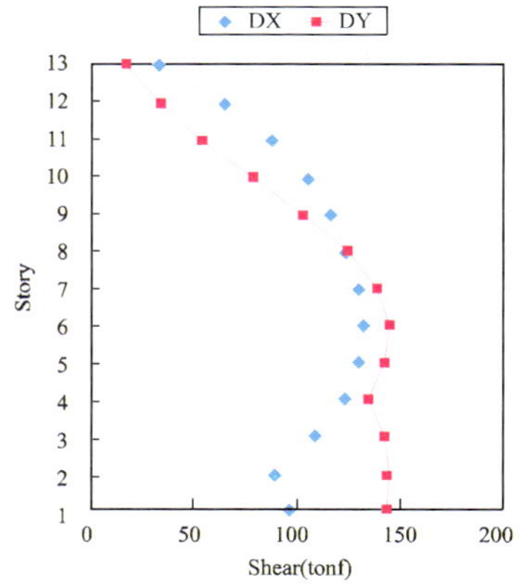
</td></tr>
</table>

표 3.5.5 시간이력해석 결과 (Scale 조정된 지진파 Tokachi-Oki)

<table>
<tr><td rowspan="2">구분</td><td colspan="6">면진 시스템 (R_I =1.6875)</td></tr>
<tr><td colspan="3">301동</td><td colspan="3">303동</td></tr>
<tr><td rowspan="2">고유주기
(sec)</td><td>X-Dir(장변)</td><td colspan="2">Y-Dir(단변)</td><td>X-Dir(장변)</td><td colspan="2">Y-Dir(단변)</td></tr>
<tr><td>4.19</td><td colspan="2">4.07</td><td>4.11</td><td colspan="2">4.00</td></tr>
<tr><td>상부구조중량
(tonf)</td><td colspan="3">11478</td><td colspan="3">10911</td></tr>
<tr><td rowspan="2">풍하중검토
(tonf)</td><td colspan="3">항복강도</td><td colspan="3">항복강도</td></tr>
<tr><td colspan="3">285</td><td colspan="3">285</td></tr>
<tr><td>입면도/
배치안</td><td colspan="3">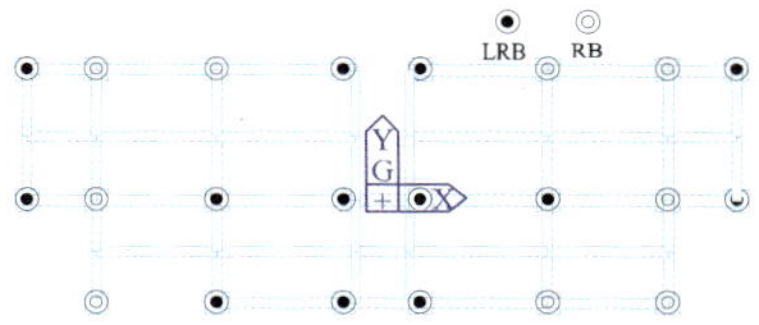</td><td colspan="3">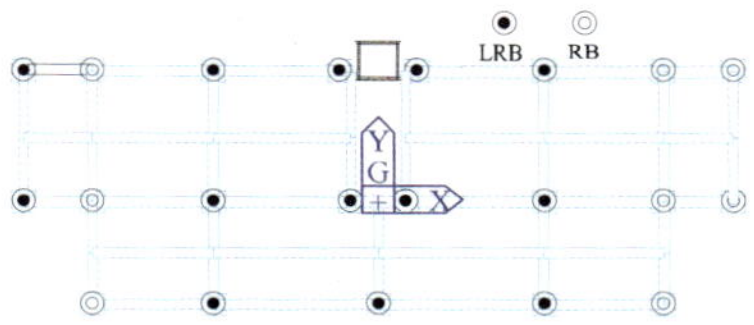</td></tr>
<tr><td rowspan="3">밑면전단력
(tonf)</td><td>해석방법</td><td>X-Dir</td><td>Y-Dir</td><td>해석방법</td><td>X-Dir</td><td>Y-Dir</td></tr>
<tr><td>스펙트럼</td><td>605</td><td>585</td><td>스펙트럼</td><td>266</td><td>328</td></tr>
<tr><td>시간이력</td><td>265</td><td>306</td><td>시간이력</td><td>234</td><td>289</td></tr>
<tr><td>층간변위
시간이력
Tokachi-oki
(cm)</td><td colspan="3">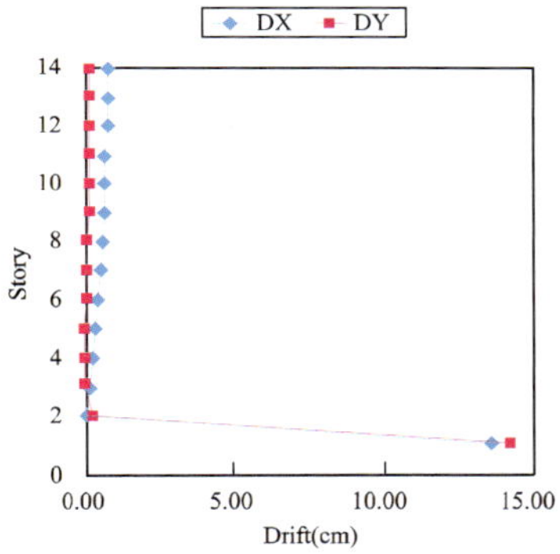</td><td colspan="3">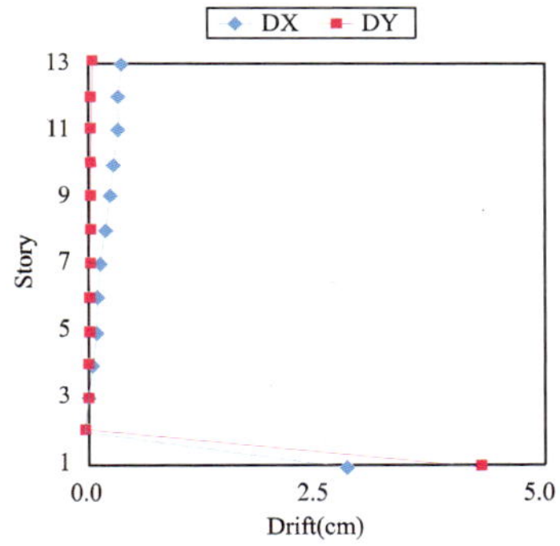</td></tr>
<tr><td>층전단력
시간이력
Tokachi-oki
(tonf)</td><td colspan="3">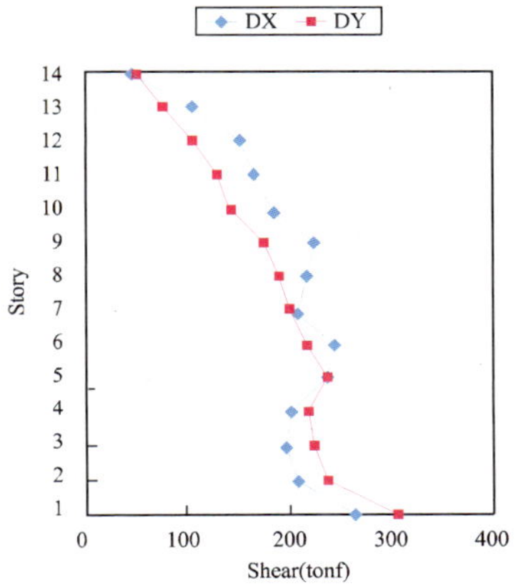</td><td colspan="3">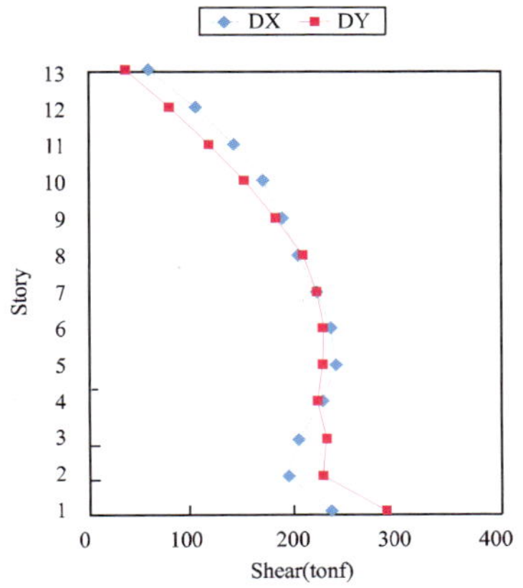</td></tr>
</table>

3.5.5 면진장치의 Prototype Test 및 Production Test

면진장치는 시제품시험(Prototype test)과 전수검사(Production test)를 실시하였으며, 시제품시험은 유니슨HKR 품질시험실에서 실시하였다.

그림 3.5.10 면진장치 시제품시험

3.5.6 면진장치의 시공과정

면진장치의 시공은 사전 Mockup을 실시하여 그라우트재의 배합비와 타설시 공극발생현황 사전검토하여 실시하였다.

그림 3.5.11 그라우트재의 공극발생현황 사전검토

(a) 정착 (b) 면진층

그림 3.5.12 LRB시공

3.5.7 준공 후 전체 사진

그림 3.5.13 준공 후 전경

3.6 부산대학교 지진방재연구센터

부산대학교 지진방재연구센터는 지진모사 실험센터로 지진하중을 모사할 수 있는 고사양의 진동대 실험공간과 사무공간으로 나누어져있으며, 사무실 2층 하부에 면진층을 적용하여, 실험으로 인한 진동이 전달되지 않도록 분리하였다.

3.6.1 건축개요

그림 3.6.1 전경

표 3.6.1 개요

건축용도	지진모사 실험센터		
규모	지상 3층, 지하 1층		
연면적	3,932.72m^2		
건물높이	19.5m		
상부구조종별	철골조, 철근콘크리트조, 중간층면진		
위치	부산대학교 양산캠퍼스 내		
준공년도 (시공기간)	2008		
면진장치 종류	NRB, LRB / 24set		
발주처/연구과제 총괄	부산대학교		
구조설계	(주)유진구조이앤씨	면진설계	동일고무벨트(주) / (주)에코닝
시공사	(주)대우건설	면진장치 제조 및 공사	동일고무벨트(주)

3.6.2 건축계획

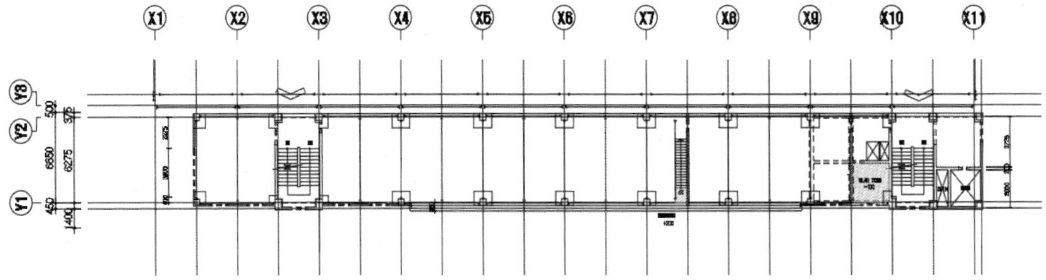

(a) 2층 구조평면도

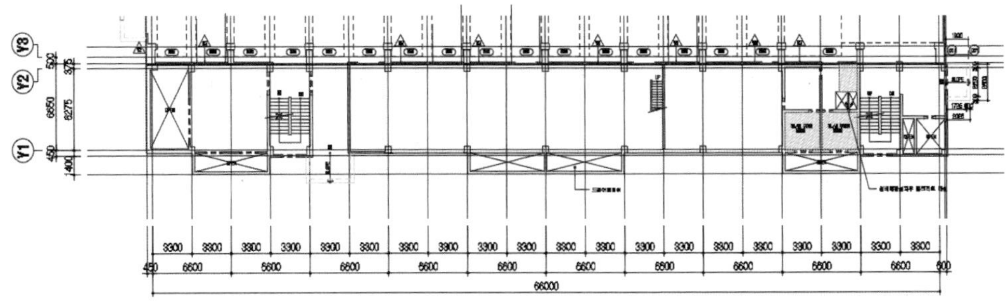

(b) 1층 구조평면도

그림 3.6.2 평면도

3.6.3 면진구조계획

■ 면진구조 성능목표

지진모사 실험동에서 가진실험을 수행할 경우, 사무실에 진동이 발생할 가능성이 크기 때문에 1층 시험공간과 2층 사무실 사이에 면진구조를 적용하여 연구 및 사무환경을 개선하였다.

면진장치 종류 및 성능

NRB (Natural Rubber Bearing) 고무의 탄성거동에 의한 복원효과	LRB (Lead Rubber Bearing) 납봉의 이력거동에 의한 감쇠효과
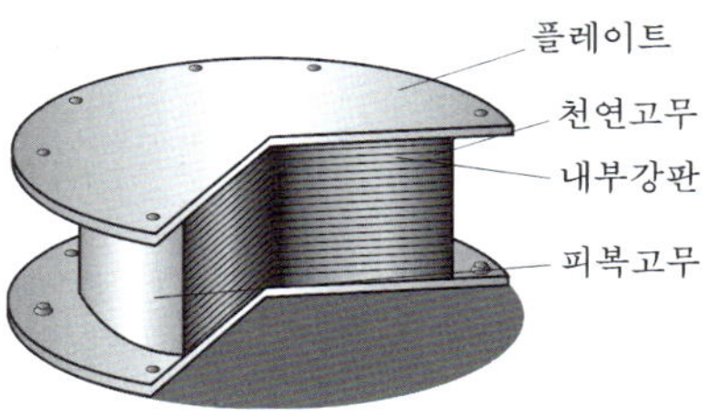	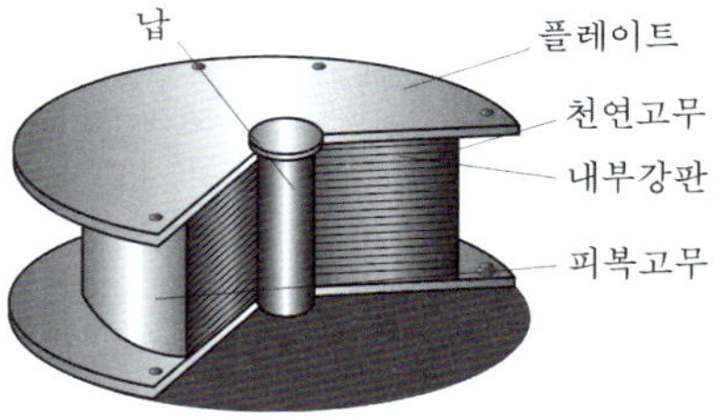
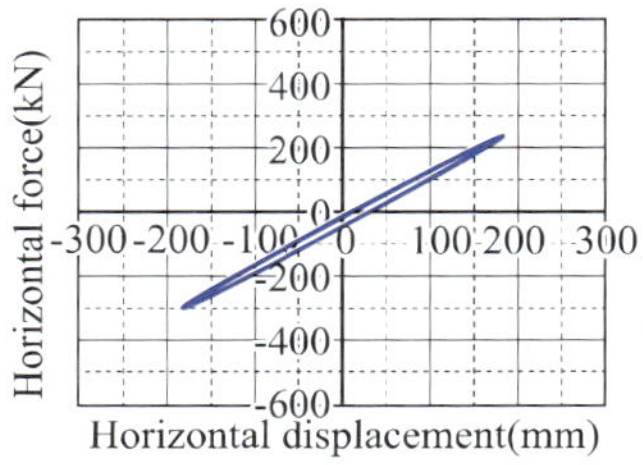	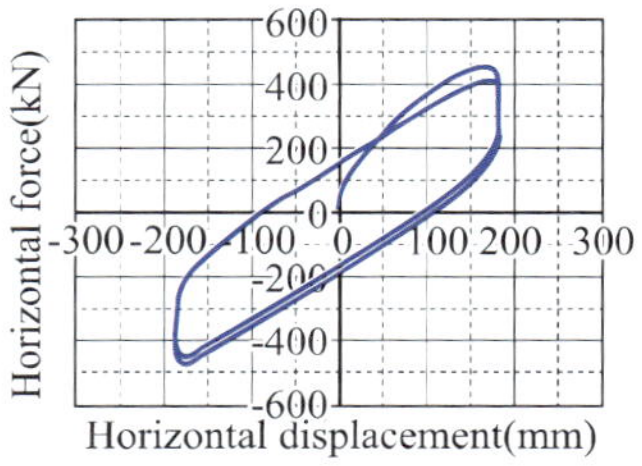
(a) NRB	(b) LRB

그림 3.6.3 면진장치

면진구조 설계특징

지진모사 시험센터 내부 진동대실험으로 인한 진동이 사무공간으로 전달되지 않도록 분리

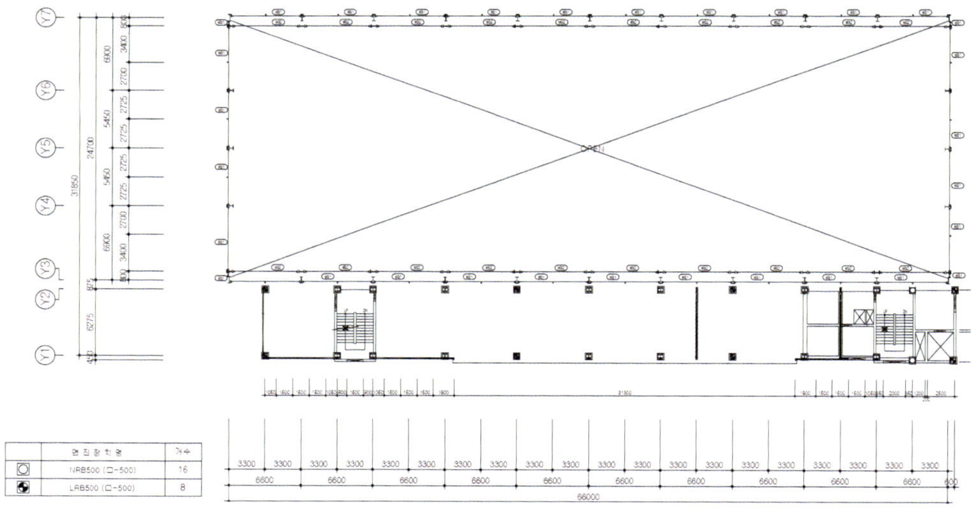

그림 3.6.4 면진층 평면 및 장치 배치

3.6.4 면진장치의 시공과정

(a) 하부 페데스탈 철근 배근

(b) 하부 베이스플레이트 설치

(c) 하부 베이스플레이트 수평 조절

(d) 거푸집 설치

(e) 페데스탈 무수축몰탈 타설

(f) 페데스탈 보양

(g) 면진장치 인양

(h) 면진장치 설치

(i) 상부 Anchor 플레이트 및 철골기둥 설치

(j) 상부 철골보 설치

(k) 면진장치 설치 완료 전경

(l) 면진장치 설치 완료 전경

그림 3.6.5 면진장치 시공

3.7 하월곡 동일 하이빌시티

하월곡 동일 하이빌시티는 국내에서는 처음으로 주상복합에 적용되어 현재까지 국내 최고층의 면진건축물이다. 포디움으로 구성된 하부의 상가와 4개동으로 이루어진 상부의 주거공간 사이에 중간층면진으로 구성되어있다.

3.7.1 건축개요

그림 3.7.1 전경

표 3.7.1 개요

<table>
<tr><td>건축용도</td><td colspan="3">공동주택 및 부대시설</td></tr>
<tr><td>규모</td><td colspan="3">지하 7층 / 지상 36층</td></tr>
<tr><td>연면적</td><td colspan="3">184,447.71 m^2</td></tr>
<tr><td>상부구조종별</td><td colspan="3">철근콘크리트조, 중간층면진</td></tr>
<tr><td>위치</td><td colspan="3">서울시 성북구 하월곡동</td></tr>
<tr><td>준공년도 (시공기간)</td><td colspan="3">2010</td></tr>
<tr><td>면진장치 종류</td><td colspan="3">NRB, LRB / 388set</td></tr>
<tr><td>발주처/시공</td><td>동일토건</td><td>면진설계</td><td>동일고무벨트(주), 한빛구조</td></tr>
<tr><td>건축설계</td><td>수건축</td><td>면진장치 제조 및 공사</td><td>동일고무벨트(주)</td></tr>
<tr><td>면진설계 검토</td><td>(국내) 고려대학교
강구조내진공학연구소</td><td colspan="2">(일본) 호리에 구조연구소
일본건축방재협회 센터장(세키 마츠타로)</td></tr>
</table>

3.7.2 건축계획

그림 3.7.2 배치도

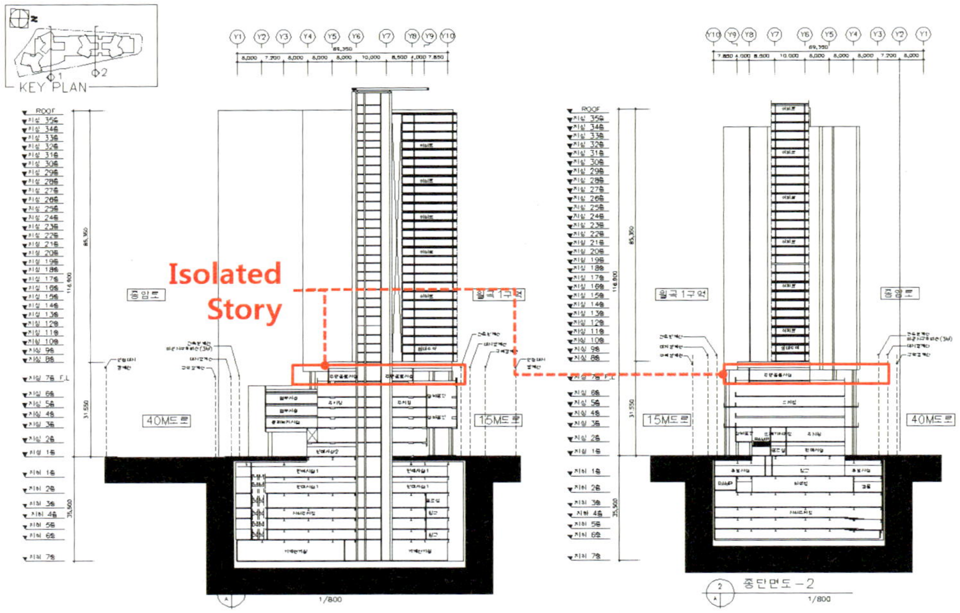

그림 3.7.3 단면도

3.7.3 면진구조계획

면진구조 성능목표

표 3.4.2 성능목표

<table>
<tr><th>항목</th><th>목표</th></tr>
<tr><td>설계지진력</td><td>KBC2005 기준에 따른 설계지진력에 대하여 안전성을 확보함.</td></tr>
<tr><td>강성중심/질량중심 편심율</td><td>비틀림에 의한 영향을 최소화하기 위해 편심거리는 1,000mm 이하, 편심율은 3.0% 이하를 만족함.</td></tr>
<tr><td>면진층,
상/하부 구조물</td><td>면진층의 수평강성은 지진에너지의 대부분을 흡수하여 층간변위가 면진층에 집중되도록 설정함.
구조부재의 소성화로 인한 손상을 막기 위해 상하부 구조물은 탄성거동 하도록 계획함.</td></tr>
<tr><td>면진층 항복강도</td><td>설계풍하중에 대해 항복이 발생하지 않도록 면진층의 항복강도는 설계풍하중보다 크도록 설계함.
<table>
<tr><th>단위 tf</th><th>101동</th><th>102동</th><th>103동</th><th>104동</th></tr>
<tr><td>면진층 항복강도</td><td>1,095</td><td>1,205</td><td>1,149</td><td>1,153</td></tr>
<tr><td>풍하중</td><td>937</td><td>1,089</td><td>1,047</td><td>956</td></tr>
</table></td></tr>
<tr><td>면진층 허용변위</td><td>면진층의 최대변위는 면진장치의 허용변위 300mm를 만족함.
<table>
<tr><th>단위 mm</th><th>101동</th><th>102동</th><th>103동</th><th>104동</th></tr>
<tr><td>면진층 최대변위</td><td>197.1</td><td>40.13</td><td>59.35</td><td>55.18</td></tr>
</table></td></tr>
<tr><td>면진상부층
층간변위비</td><td>면진상부층의 층간변위비는 허용층간변위비 2.0%를 만족함.
<table>
<tr><th>단위 %</th><th>101동</th><th>102동</th><th>103동</th><th>104동</th></tr>
<tr><td>최대층간변위</td><td>0.876</td><td>1.717</td><td>1.549</td><td>1.241</td></tr>
</table></td></tr>
</table>

면진구조 설계특징

국내에서 처음으로 주상복합에 적용된 현재까지 국내 최고층의 면진건축물

면진장치 종류 및 성능

<table>
<tr><td>NRB (Natural Rubber Bearing)
고무의 탄성거동에 의한 복원효과</td><td>LRB (Lead Rubber Bearing)
납봉의 이력거동에 의한 감쇠효과</td></tr>
<tr><td>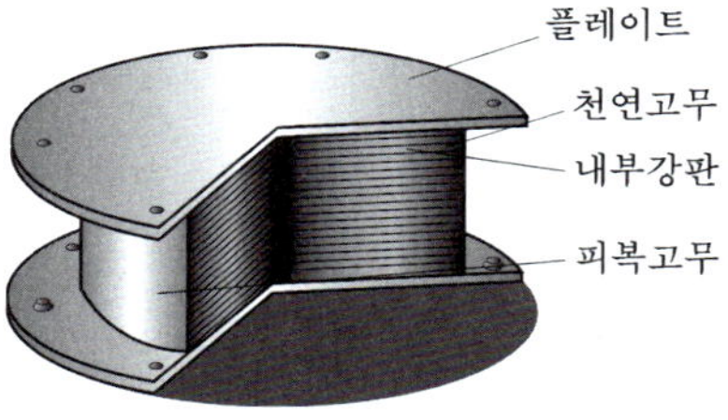
</td><td>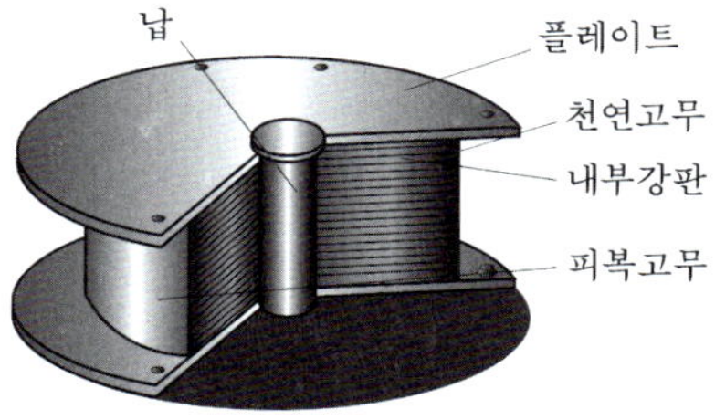
</td></tr>
<tr><td>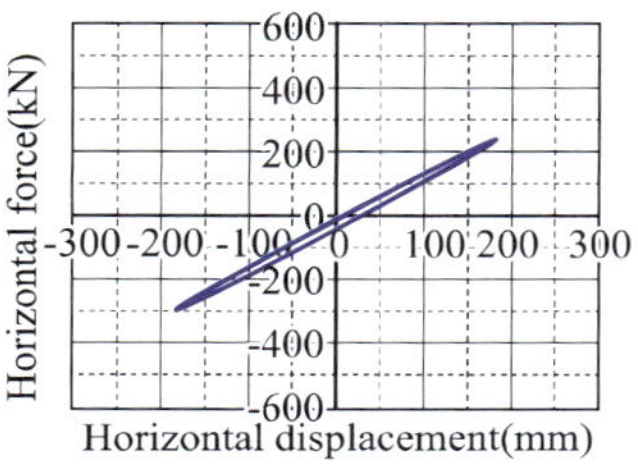
</td><td>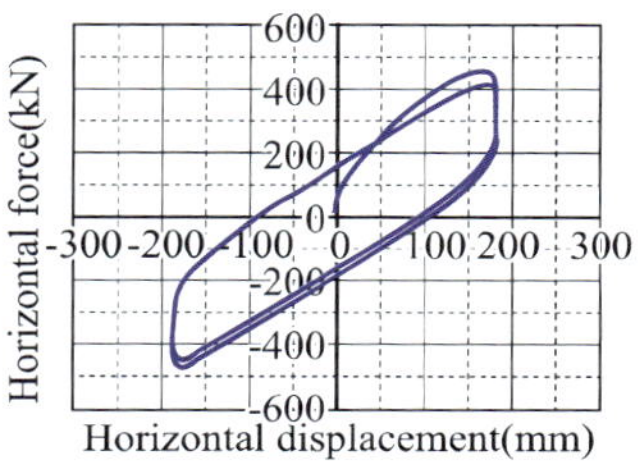
</td></tr>
<tr><td>(a) NRB</td><td>(b) LRB</td></tr>
</table>

그림 3.7.4 면진장치

면진 해석프로그램

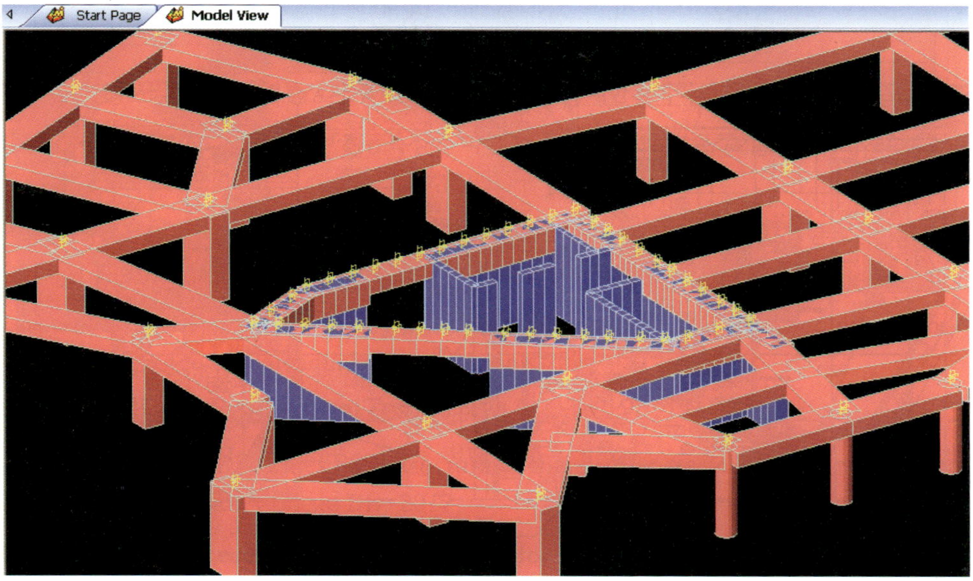

(a) 3차원 골조모델

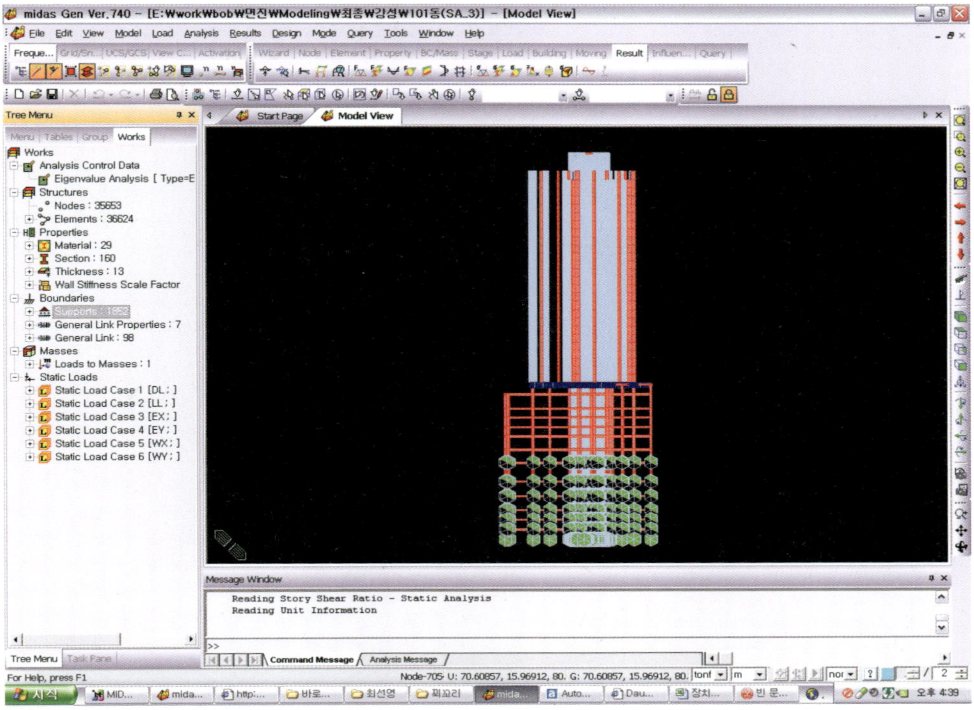

(b) 경계비선형해석

그림 3.7.5 해석프로그램(MIDAS GEN)

면진장치 배치&단면 101동

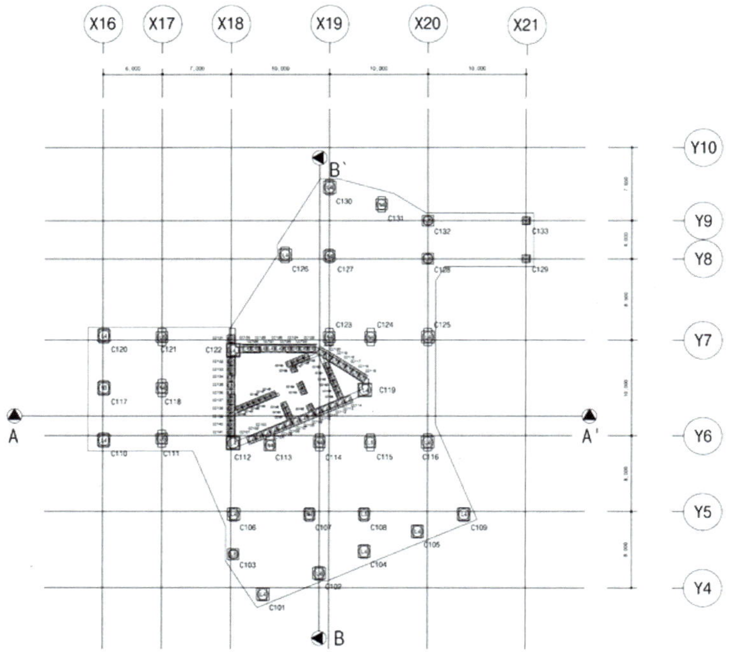

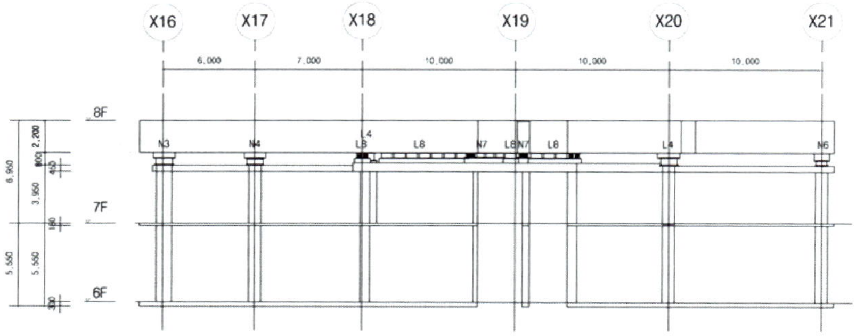

101동 A-A' 면진층 단면도 (S : 1/200)

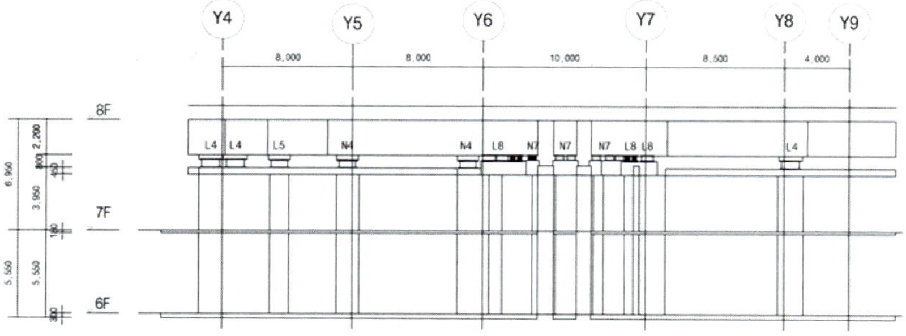

그림 3.7.6 면진장치 배치(101동)

▌면진장치 배치&단면 102동

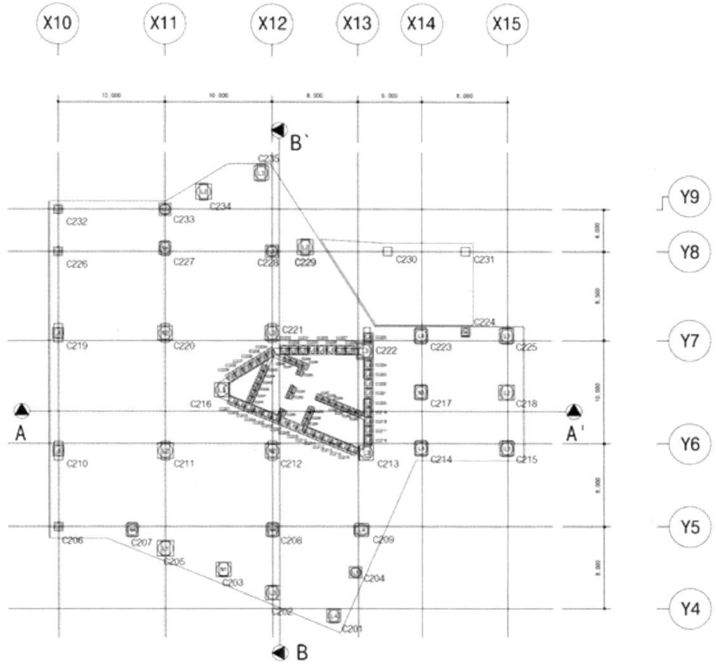

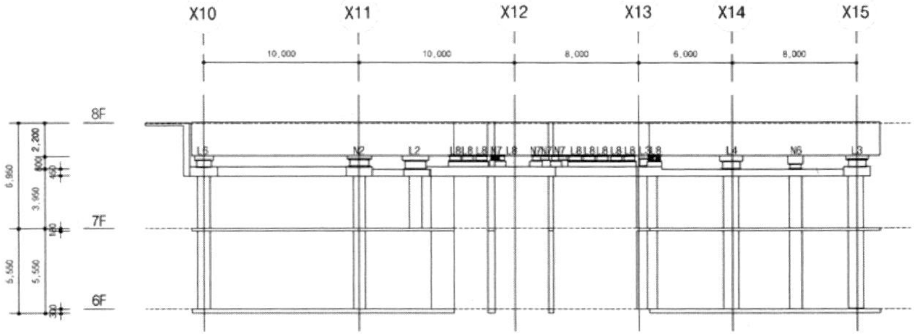

102동 A-A' 면진층 단면도 (S : 1/200)

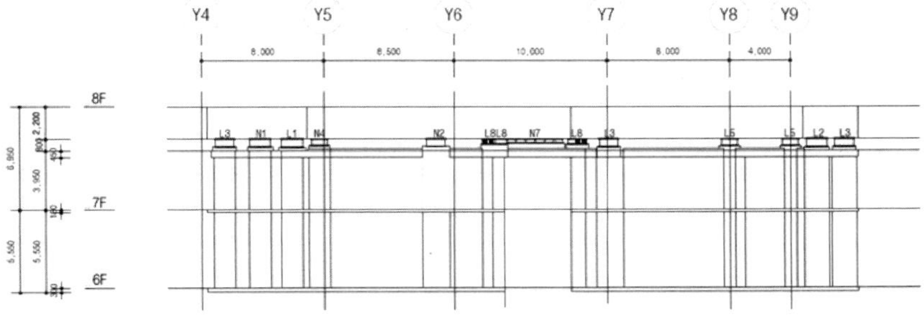

102동 B-B' 면진층 단면도 (S : 1/200)

그림 3.7.7 면진장치 배치(102동)

면진장치 배치&단면 103동

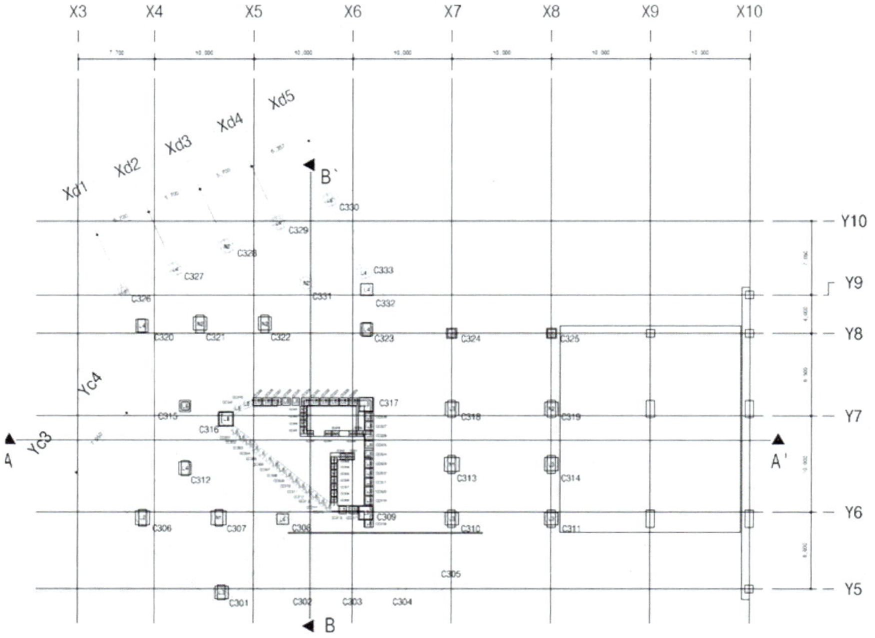

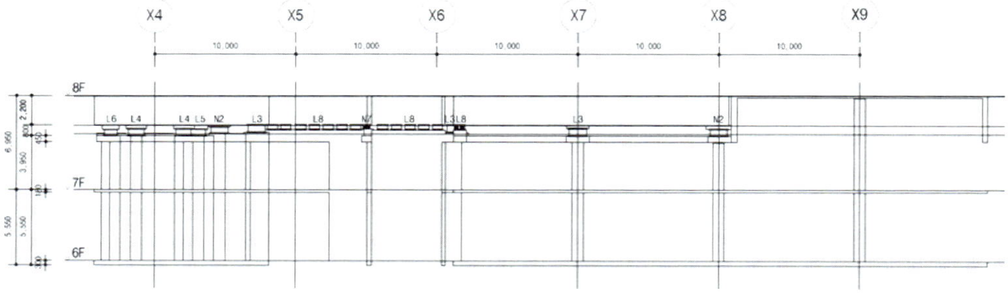

103동 A-A' 면진층 단면도 (S : 1/200)

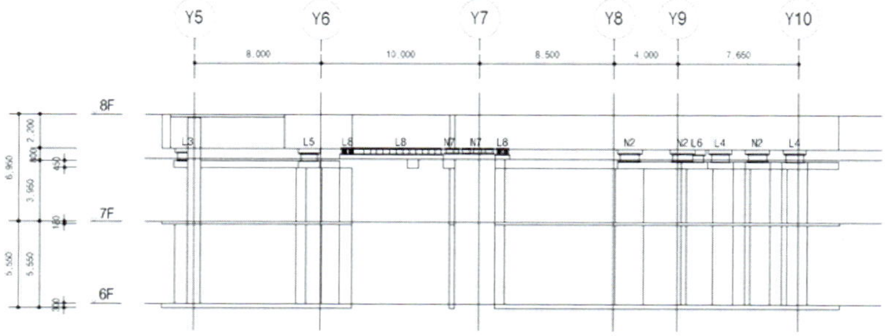

103동 B-B' 면진층 단면도 (S : 1/200)

그림 3.7.8 면진장치 배치(103동)

면진장치 배치&단면 104동

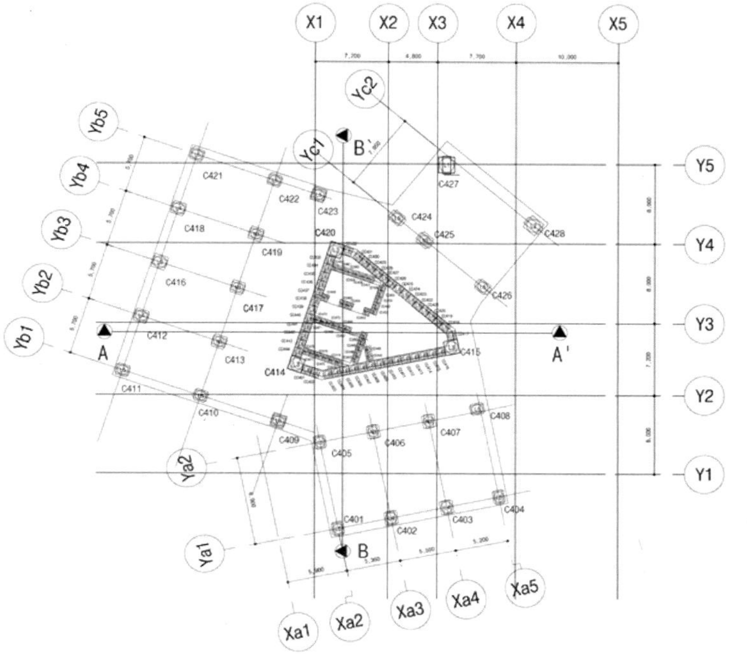

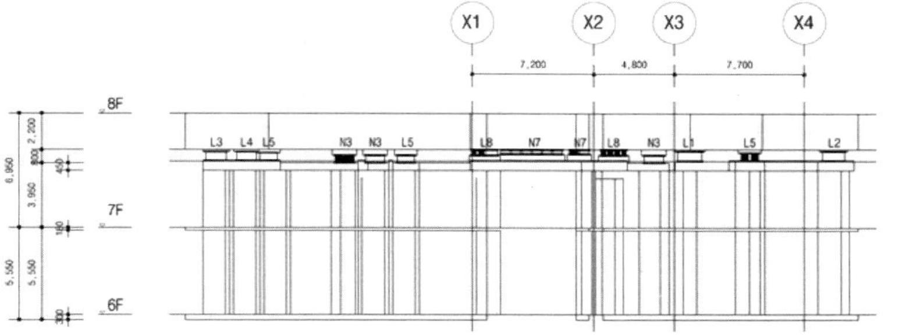

104동 A-A' 면진층 단면도 (S : 1/200)

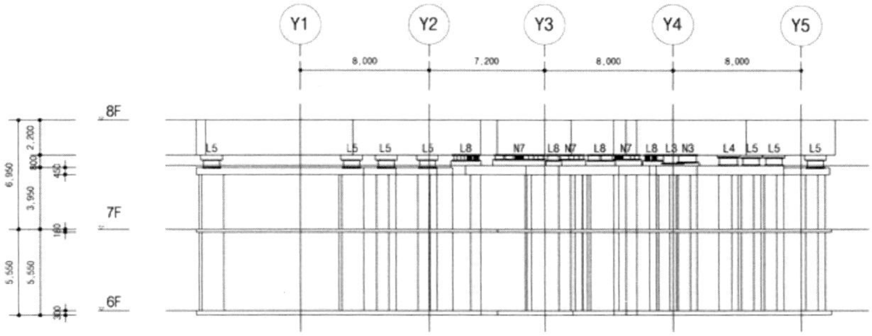

104동 B-B' 면진층 단면도 (S : 1/200)

그림 3.7.9 면진장치 배치(104동)

3.7.4 면진구조 응답해석 및 결과

표 3.7.3 입력 지진동

입력지진동	발생년도	방향	PGA(g)	Duration(sec)
El Centro, California	1940	NS	0.348	53.74
Northridge, California	1940	NS	0.843	54.40
Taft, California	1952	EW	0.179	21.40

▌구조물 이력모델

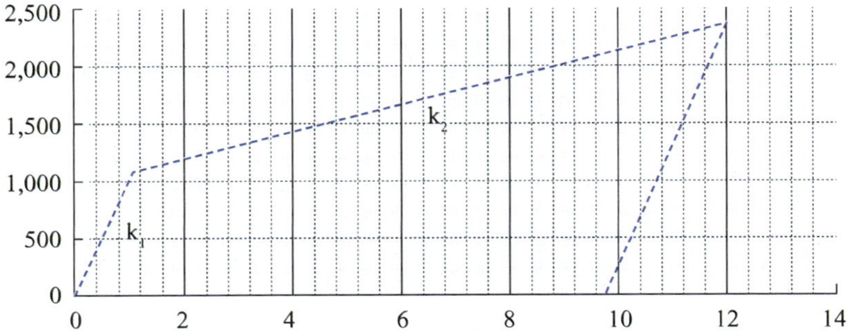

그림 3.7.10 전체 시스템의 복원력 특성

▌시간이력 지진응답해석 결과

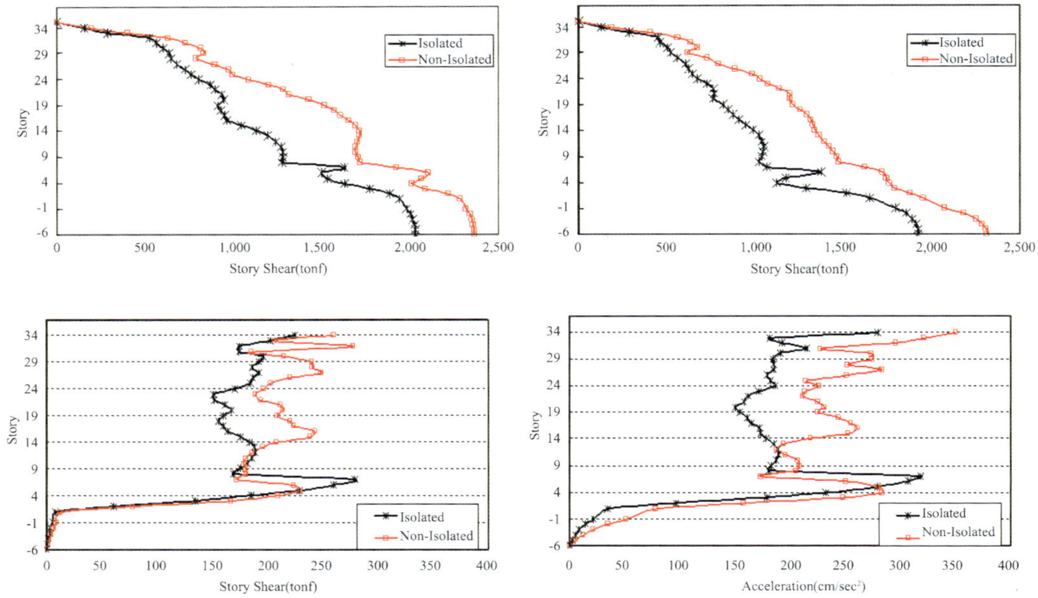

그림 3.7.11 장치효과

표 3.7.4 해석결과(101동, 102동)

	101동		102동	
	X방향	Y방향	X방향	Y방향
층간 변형율	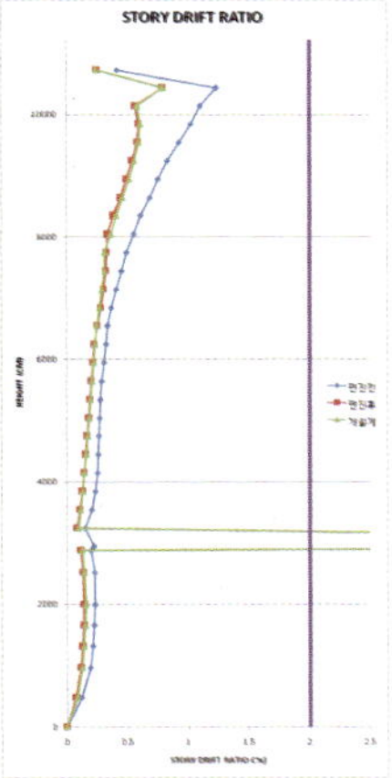	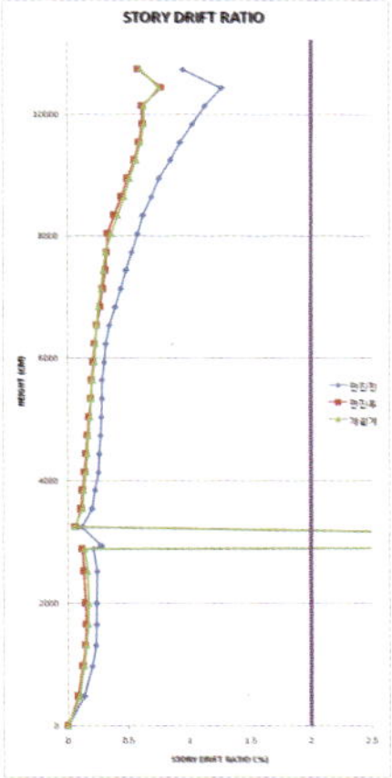	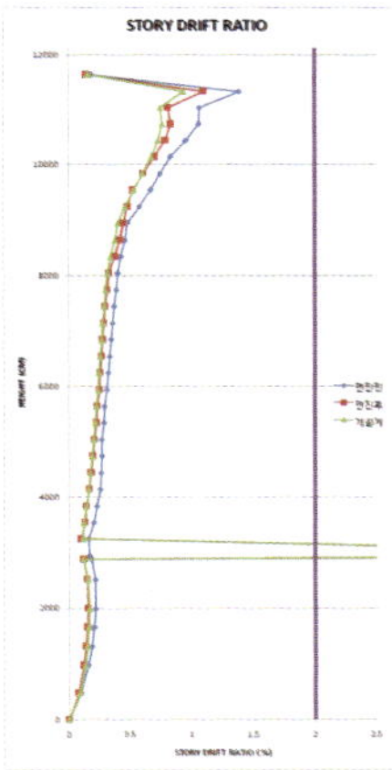	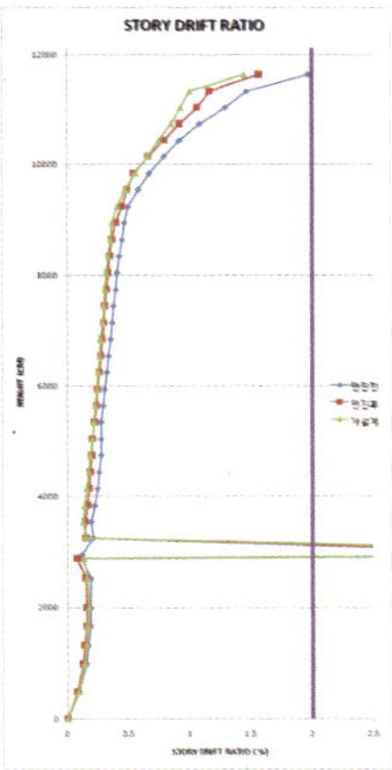
응답 가속도	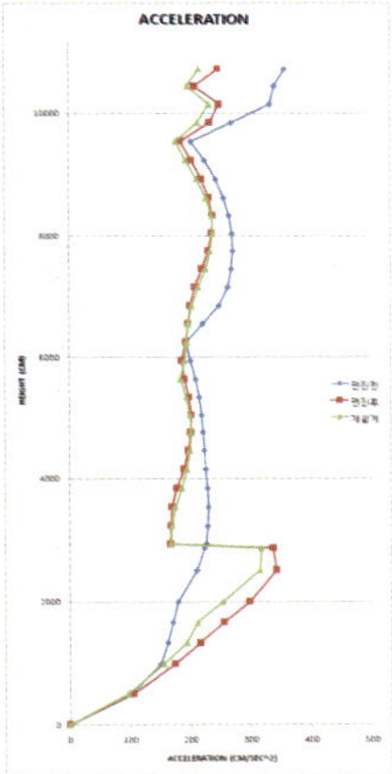	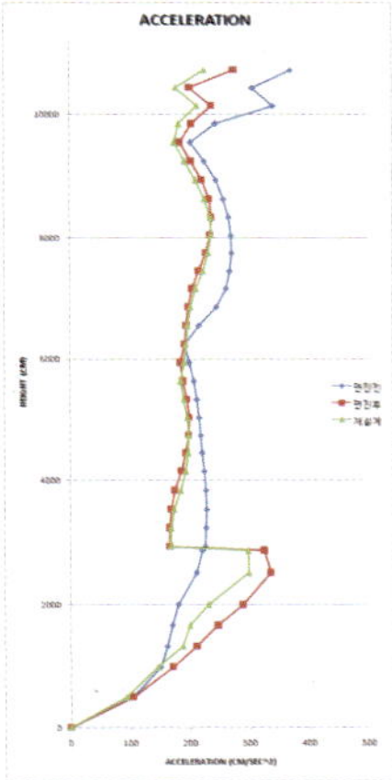	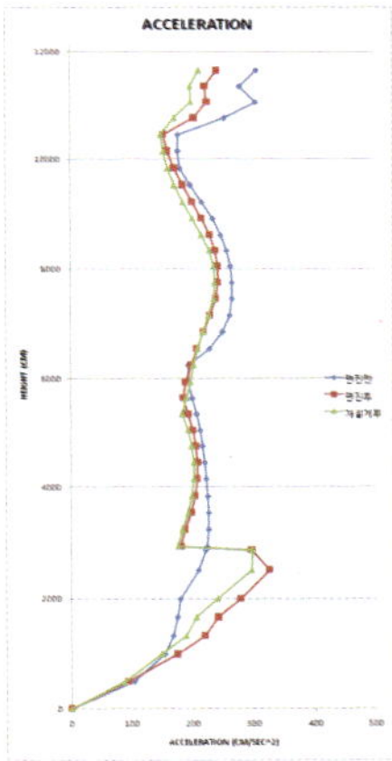	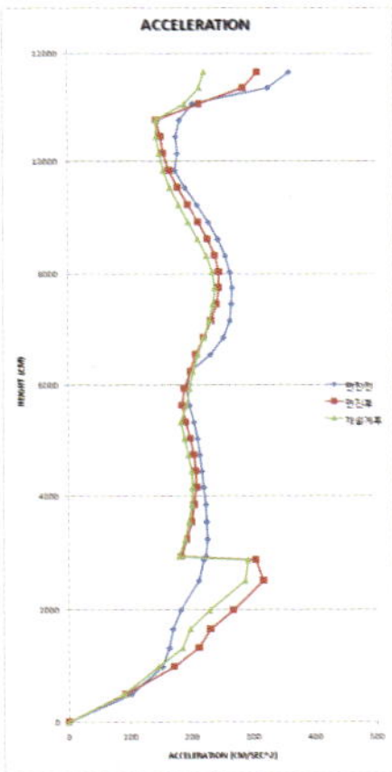
층전단력	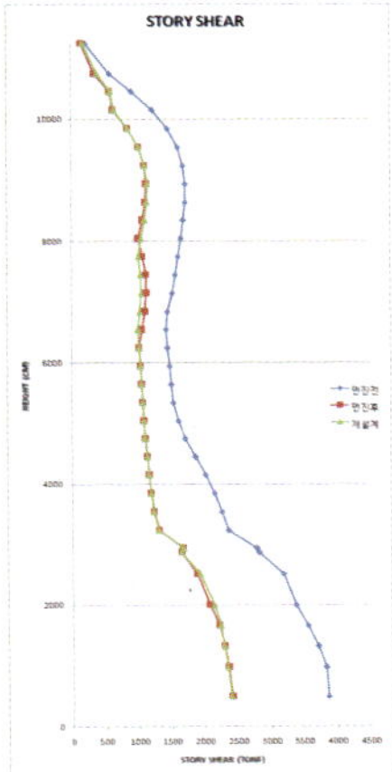	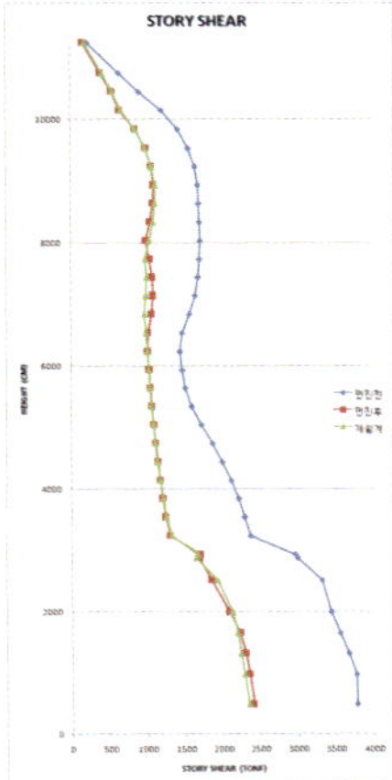	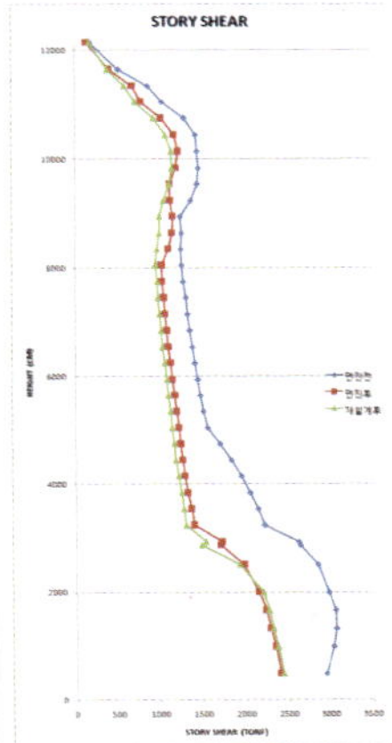	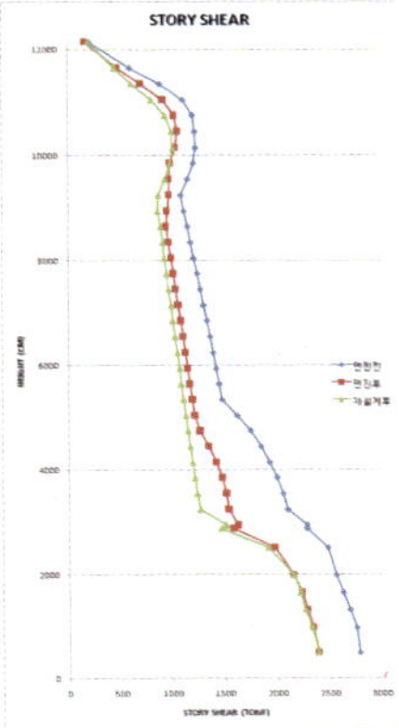

표 3.7.5 해석결과(103동, 104동)

	103동		104동	
	X방향	Y방향	X방향	Y방향
층간 변형율	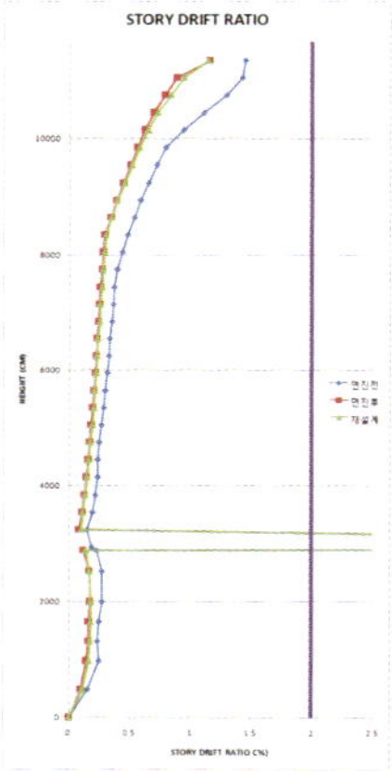	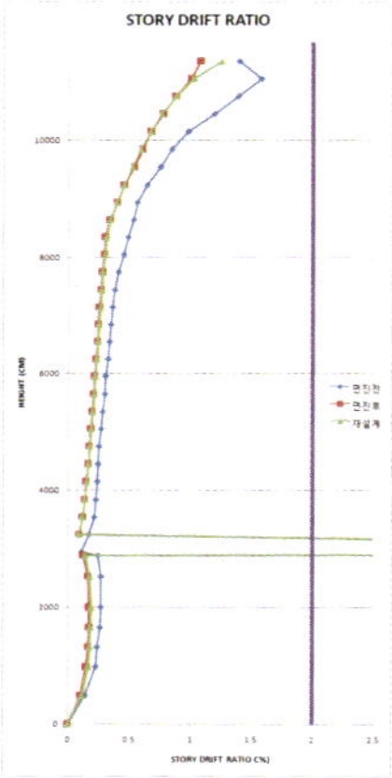	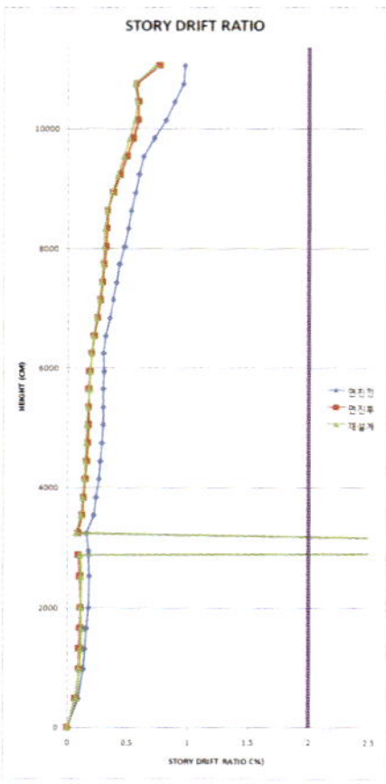	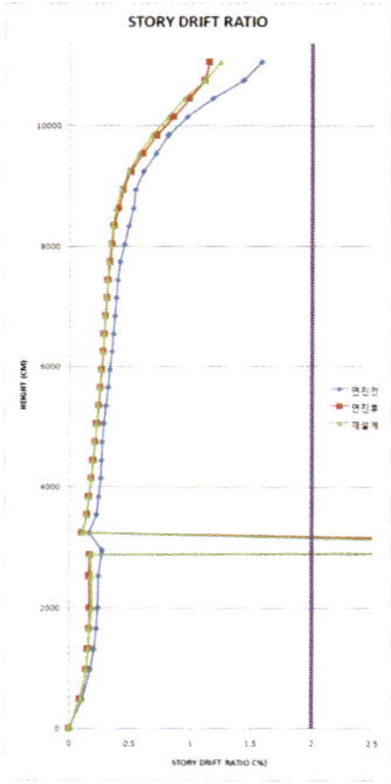
응답 가속도	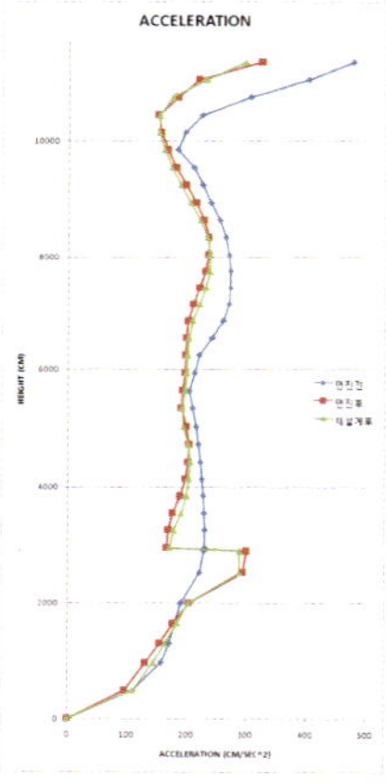	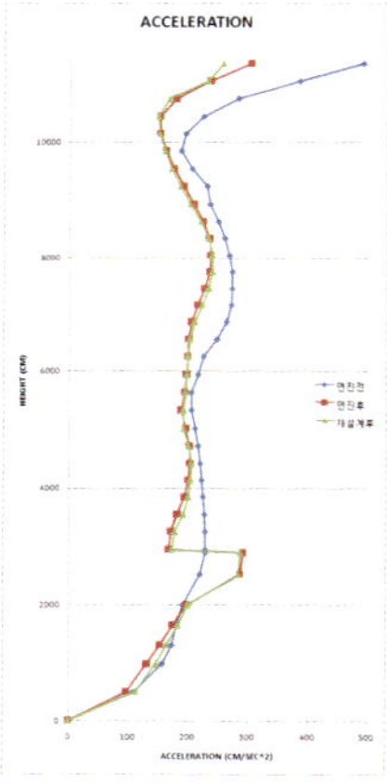	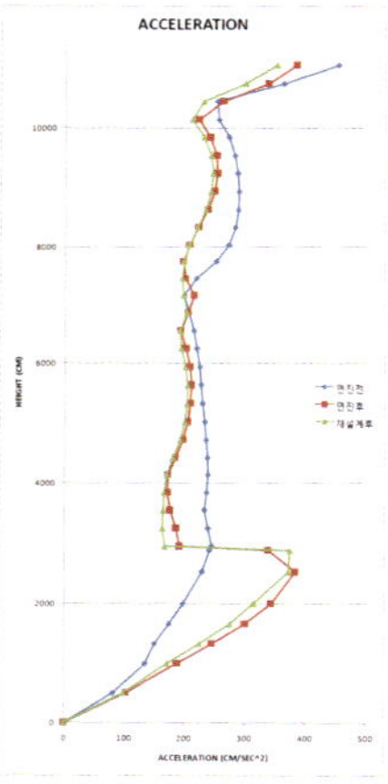	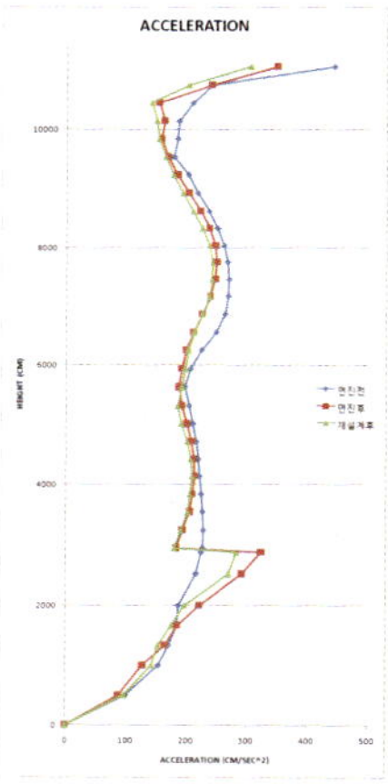
층전단력	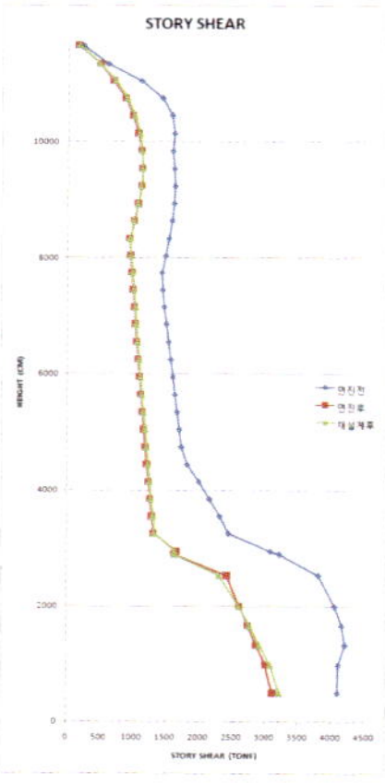	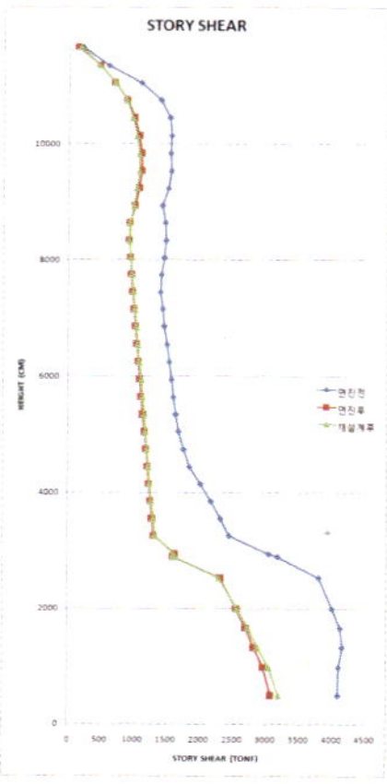	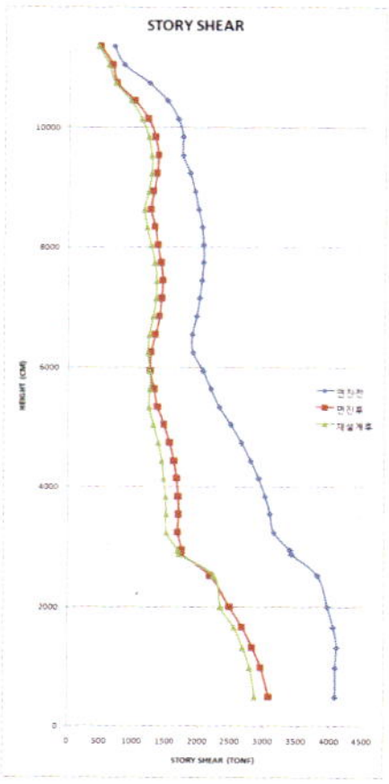	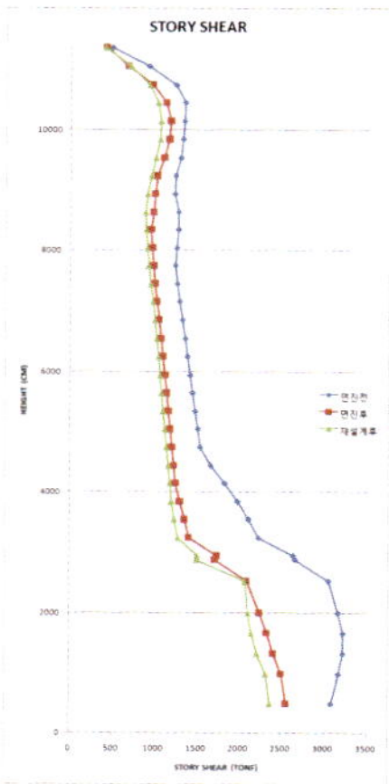

면진장치 성능검사

NRB 성능검사

Customer	동일하이빌	Dimension	70.00㎝(ø)×27.28㎝(T)	Date	2009.10.29
Product maker	DRB Co.,Ltd.	Tester	품질보증팀	Lot.No.091001(G4-700-5.6-25)	

Vertical stiffness

Pretesting load speed : 99.9 kgf/㎠/min   Shear Offset : 0.0 mm
Testing Temperature :   Testing speed : 100.00 sec/cycle
Size of specimen : 70.00㎝(ø)×27.28㎝(T)
Nominal thickness of an elastomer layer : 5.6 mm
Total initial thickness of elastomer(To) : 140.0 mm
Maximum vertical load : 384.5 ton
Reserved cycle number of test specimen : 3 cycle of loading between P1 and P2

Description	Symbol	Vertical test						Remarks
		1(first)		2(second)		3(third)		
Cycle no.	-	load	deform.	load	deform.	load	deform.	
Unit	-	kgf	mm	kgf	mm	kgf	mm	
Vertical Value	Pmax							
	Pa	500,591	2.70	500,591	2.70	498,955	2.70	Pa=1.30*Pdes
	Pb	266,058	1.90	266,276	1.90	266,058	1.90	Pb=0.70*Pdes
Vertical stiffness (kgf/mm)	Kvi	293,166		292,893		291,120		(Pa-Pb)/(Da-Db)
Average vertical stiff.(kgf/mm)	Kv	292,393						(Kv1+Kv2+Kv3)/3
Inspection of isolation edge	-							-

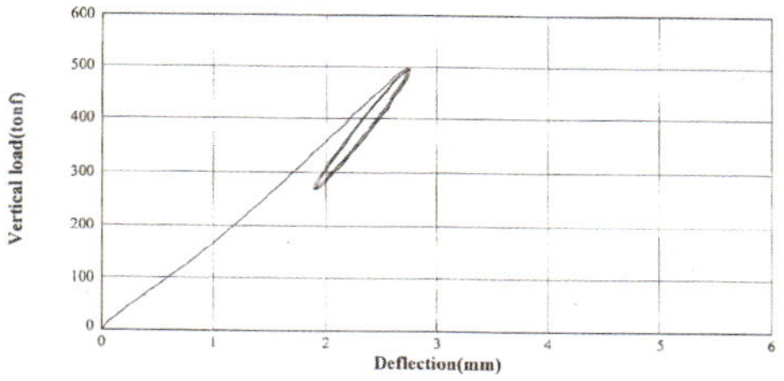

Customer	동일하이빌	Dimension	70.00㎝(ø)×27.28㎝(T)	Date	2009.10.29
Product maker	DRB Co.,Ltd.	Tester	품질보증팀	Lot.No.091001(G4-700-5.6-25)	

Horizontal test

Testing Speed : 5.00 mm/sec
Testing Temperature :
Size of specimen : 70.00㎝(ø)×27.28㎝(T)
Reserved cycle number of test specimens :
each 3 cycle at specified displacement
Total initial thickness of elastomer layer : 140.0 mm
Vertical load : 384.5 ton
Shear strain : tan r = 1.00
Yield force(Fy) : 0.1 ton

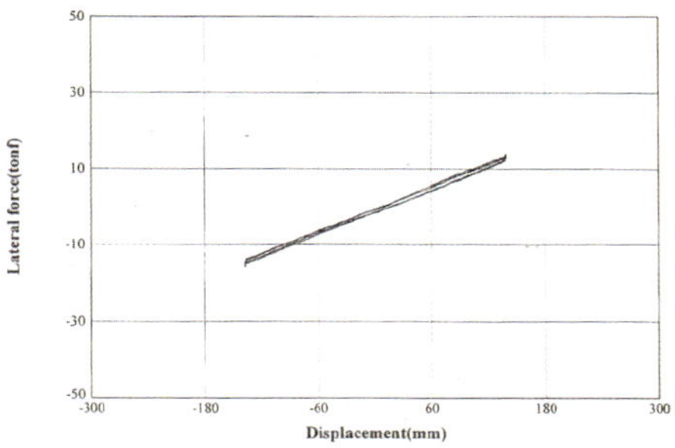

Test data : Attach 2009.10.29 Test #

LRB 성능검사

Customer	동일하이빌	Dimension	70.00㎝(ø)×29.15㎝(T)	Date	2009.04.15
Product maker	DRB Co.,Ltd.	Tester	품질보증팀	Lot.No.090302(G4-700-4.5-31)	

Vertical stiffness

Pretesting load speed : 96.8 kgf/㎠/min   Shear Offset : 0.0 mm
Testing Temperature :   Testing speed : 100.00 sec/cycle
Size of specimen : 70.00㎝(ø)×29.15㎝(T)
Nominal thickness of an elastomer layer : 4.5 mm
Total initial thickness of elastomer(To).: 139.5 mm
Maximum vertical load : 372.6 ton
Reserved cycle number of test specimen : 3 cycle of loading between P1 and P2

Description	Symbol	Vertical test						Remarks
		1(first)		2(second)		3(third)		
Cycle no.	-	load	deform.	load	deform.	load	deform.	
Unit	-	kgf	mm	kgf	mm	kgf	mm	
Vertical Value	Pmax							
	Pa	465,750	1.80	465,750	1.80	465,750	1.80	Pa=1.30*Pdes
	Pb	256,786	1.30	258,204	1.30	256,786	1.30	Pb=0.70*Pdes
Vertical stiffness (kgf/mm)	Kvi	417,927		415,091		417,927		(Pa-Pb)/(Da-Db)
Average vertical stiff.(kgf/mm)	Kv	416,982						(Kv1+Kv2+Kv3)/3
Inspection of isolation edge	-							-

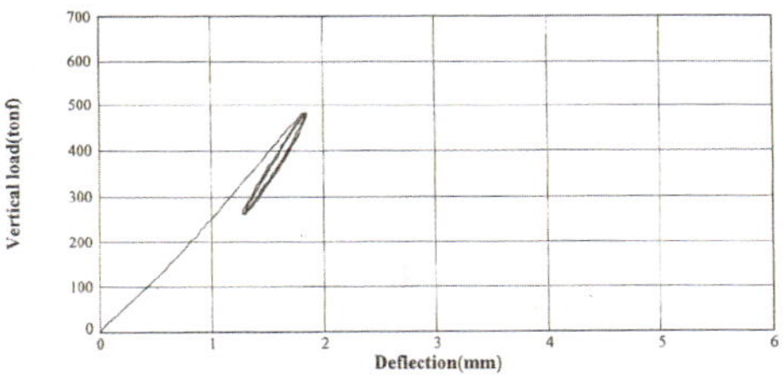

Customer	동일하이빌	Dimension	70.00㎝(ø)×29.15㎝(T)	Date	2009.04.15
Product maker	DRB Co.,Ltd.	Tester	품질보증팀	Lot.No.090302(G4-700-4.5-31)	

Horizontal test

Testing Speed : 5.00 mm/sec
Testing Temperature :
Size of specimen : 70.00㎝(ø)×29.15㎝(T)
Reserved cycle number of test specimens :
each 3 cycle at specified displacement
Total initial thickness of elastomer layer : 139.5 mm
Vertical load : 372.6 ton
Shear strain : tan r = 1.00
Yield force(Fy) : 0.5 ton

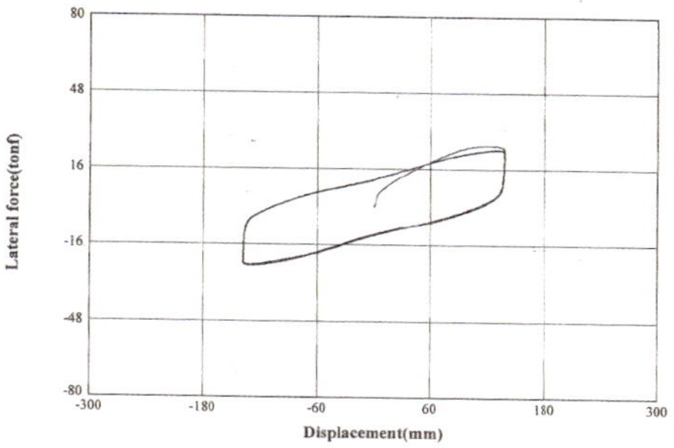

Test data : Attach 2009.04.15 Test #

그림 3.7.12 장치별 성능검사

3.7.5 면진장치의 시공과정

(a) 거푸집 설치

(b) Wide Beam 배근

(c) 하부 베이스플레이트 설치

(d) 무수축몰탈 타설 전 청소

(e) 면진장치 인양

(f) 면진장치 설치 완료

그림 3.7.13 면진장치 시공

면진구조물의 준공 후, 장치의 높이, 수평변형, 외관, 시공에 의한 영향 또는 손상 유무 등을 검사하여 장치의 성능발휘에 대한 문제가 없는지 확인하는 준공검사를 수행하였다.

그림 3.7.14 면진장치 준공검사

3.8 삼성동 라테라스

삼성동 라테라스는 주거용 건축물에 적용된 면진구조물로, 지상 1층 하부의 라멘구조와 지상 2층 벽식구조 사이에 중간층면진으로 구성되어 있다.

3.8.1 건축개요

그림 3.8.1 전경

표 3.8.1 개요

건축용도	공동주택 및 부대시설
규모	지하 3층 / 지상 17층
연면적	3,477 m^2
상부구조종별	철근콘크리트조, 중간층면진
위치	서울시 강남구 삼성동
준공년도 (시공기간)	2011
면진장치 종류	NRB, LRB / 122set

발주처/시공	동양메이저건설	면진설계	동일고무벨트(주)
구조설계	제일구조	면진장치 제조 및 공사	동일고무벨트(주)
건축설계	(주)푸름인건축사사무소		

3.8.2 건축계획

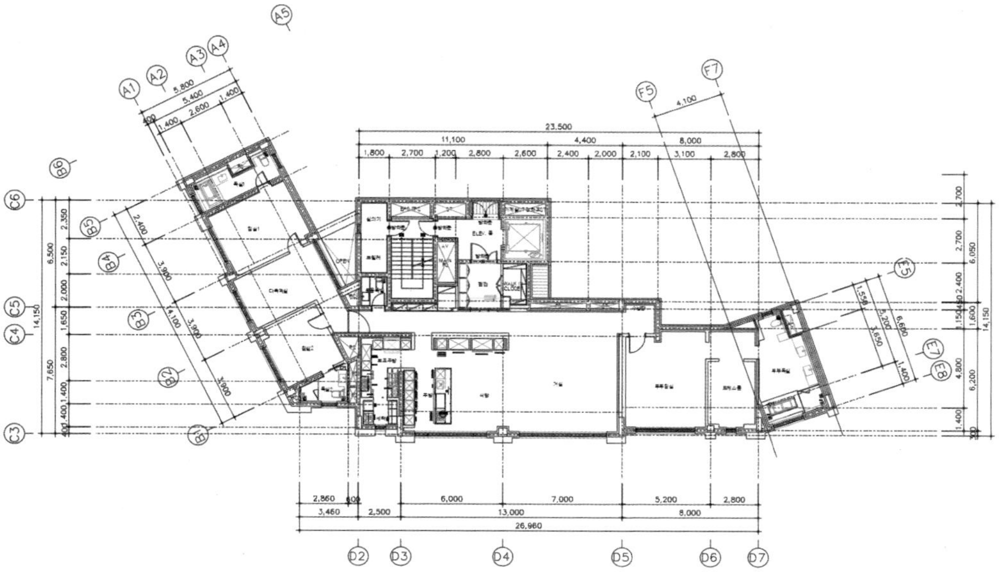

그림 3.8.2 평면도

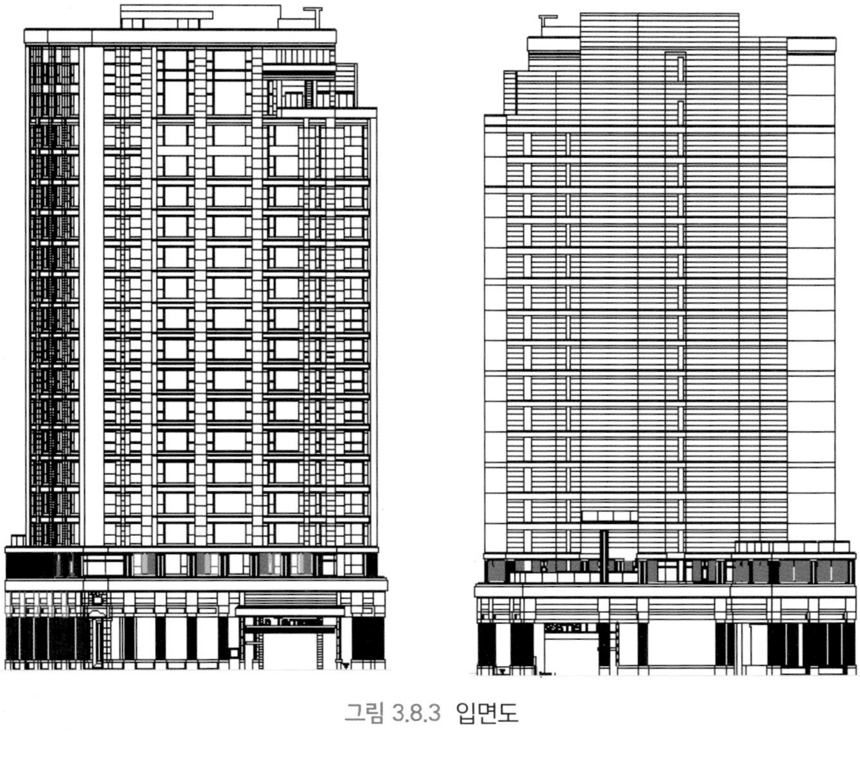

그림 3.8.3 입면도

3.8.3 면진구조계획

▌면진구조 성능목표

표 3.8.2 성능목표

항목	목표	
설계지진력	Level 1	Level 2
	2400년 재현주기 지진의 2/3 수준 (DBE Level)	2400년 재현주기 지진 수준 (MCE Level)
강성중심/질량중심 편심율	비틀림에 의한 영향을 최소화하기 위해 편심거리는 1,000mm 이하, 편심율은 3.0% 이하를 만족함.	
면진층 허용변위	면진층의 최대변위는 53.7mm로 면진장치의 허용변위 200mm를 만족함.	
면진상부층 층간변위	면진상부층의 층간변위는 6.70~10.68mm로 허용층간변위(1.5%)인 45~57 mm를 만족함.	
면진상부층 허용가속도	면진상부층의 최대가속도는 208.0~222.6cm/s^{2}로 허용가속도인 250cm/s^{2}을 만족함.	
전도에 대한 안정성	전도모멘트는 저항모멘트의 16~48%로 안정성을 만족함.	

▌면진장치 종류 및 성능

NRB (Natural Rubber Bearing) 고무의 탄성거동에 의한 복원효과	LRB (Lead Rubber Bearing) 납봉의 이력거동에 의한 감쇠효과

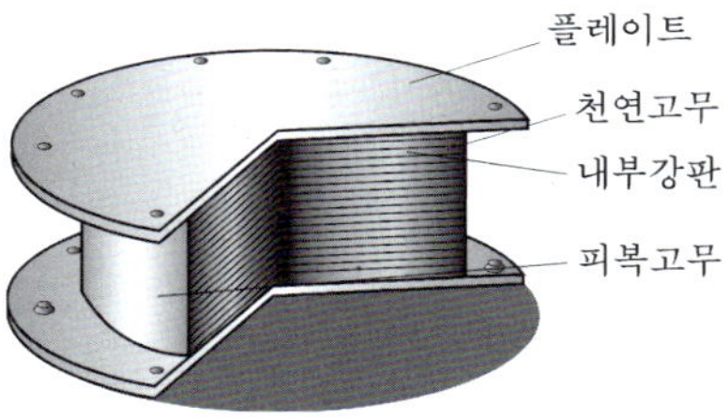

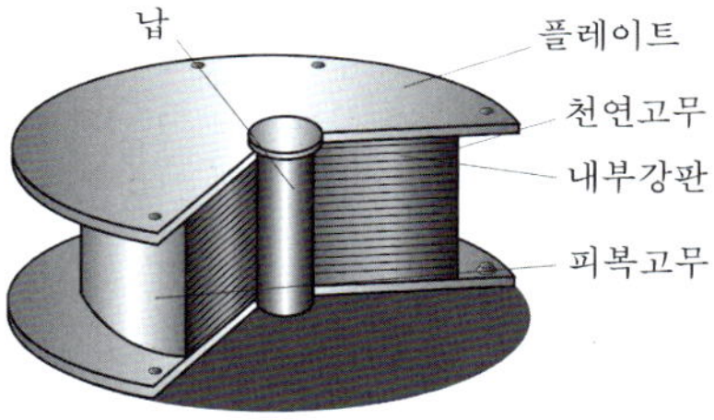

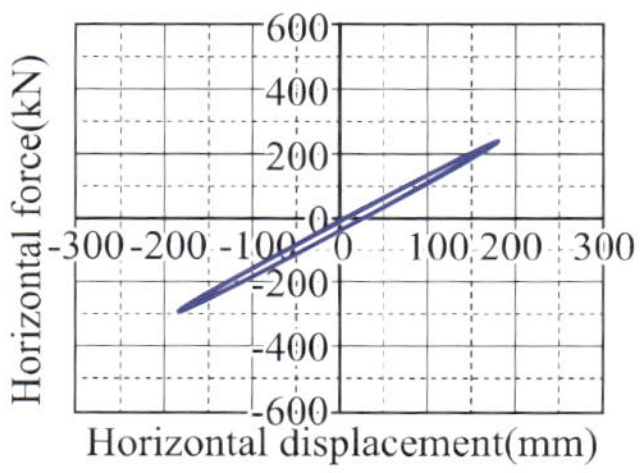

(a) NRB

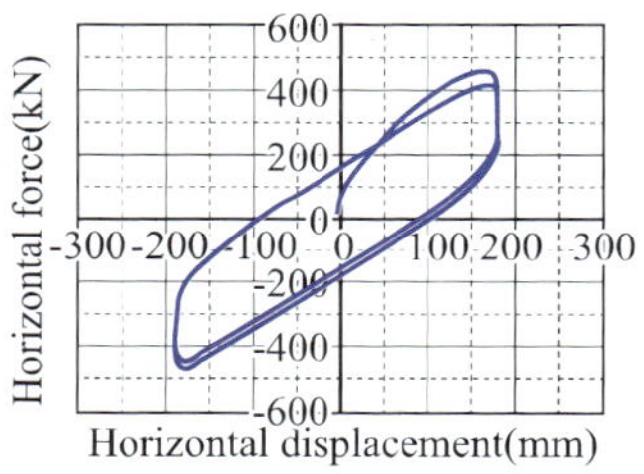

(b) LRB

그림 3.8.4 면진장치

▌면진 해석프로그램

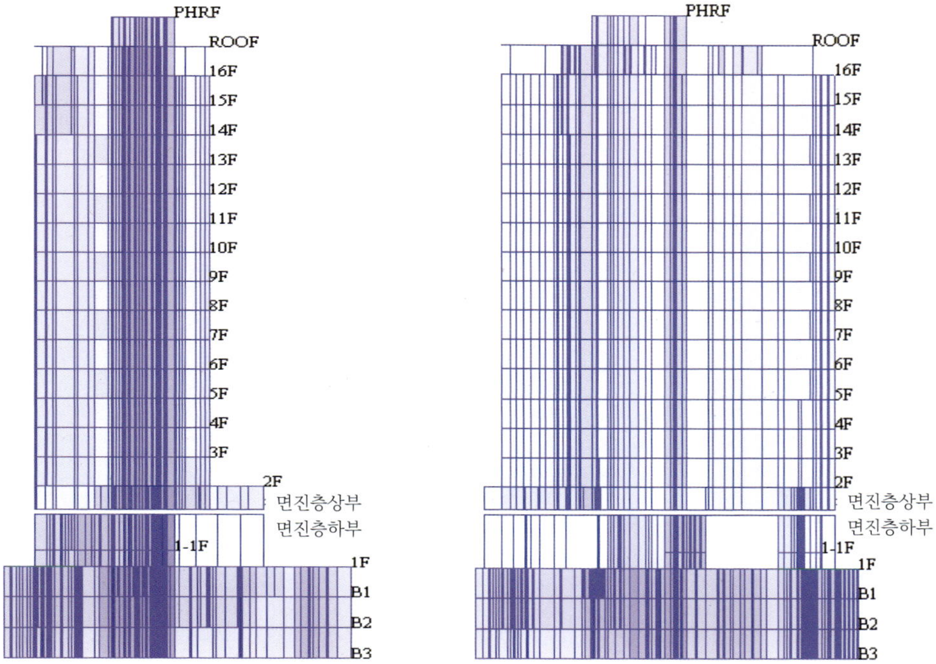

그림 3.8.5 MIDAS GEN (경계비선형해석 수행)

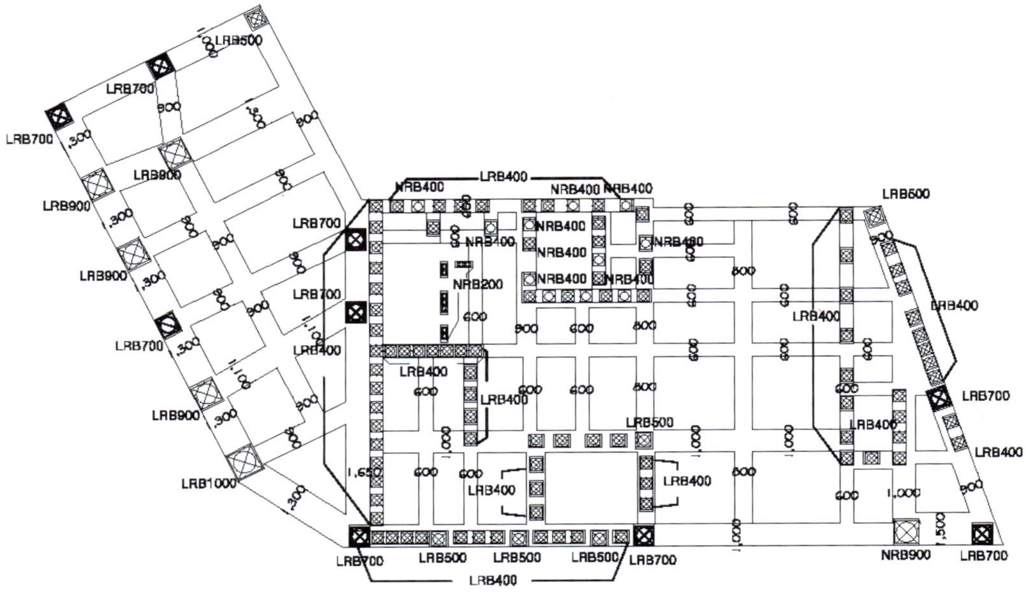

그림 3.8.6 면진장치 배치도

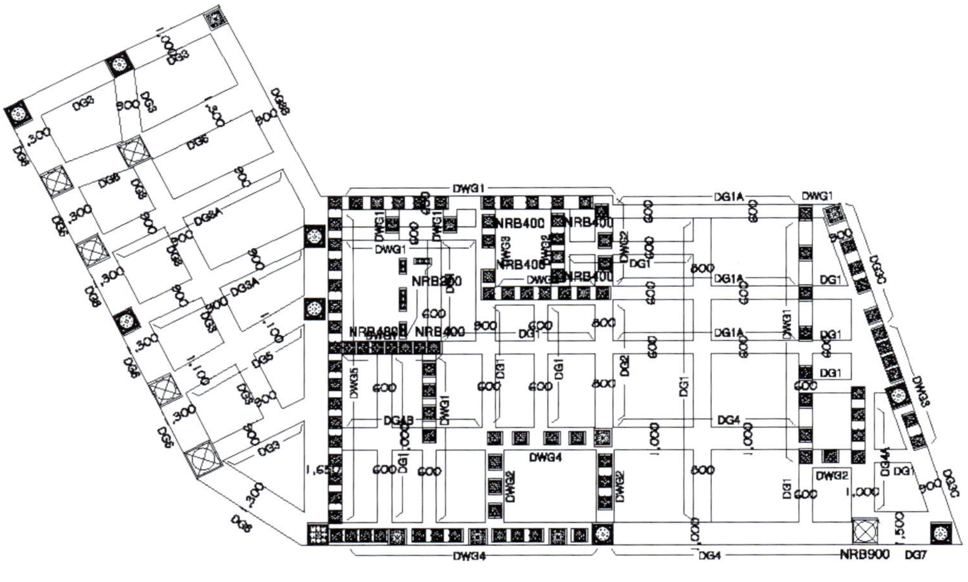

그림 3.8.7 WIDE BEAM 평면도

3.8.4 면진구조 응답해석 및 결과

▌입력 지진동

다양한 지진파에 대한 면진구조물의 응답을 확인하고자 3쌍의 관측지진파 (El-Centro, Taft, Hachinohe) 및 4쌍의 인공지진파를 사용하여 총 7쌍(14가지)의 지진파를 지진하중 크기별로 스케일링하여 시간이력해석을 수행하였다.

표 3.8.3 가속도응답스펙트럼

<table>
<tr><td>Case 1
(DBE Level)
2400년 재현주기
지진의 2/3 수준</td><td>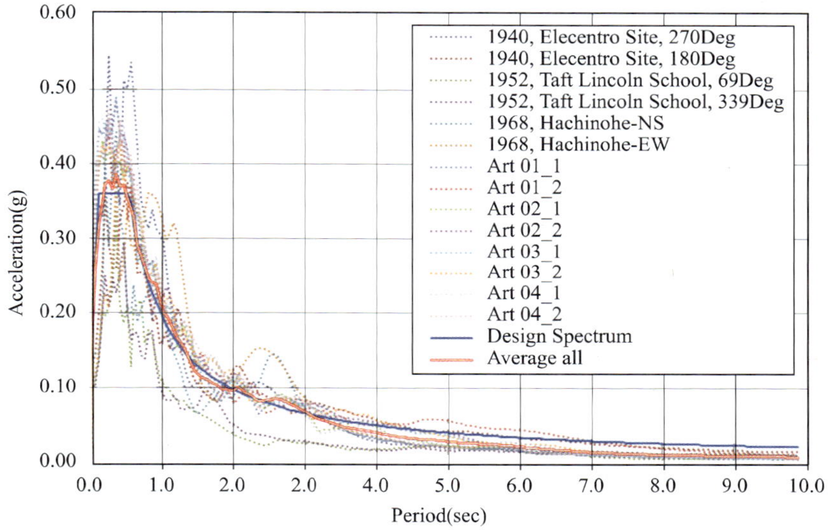
</td></tr>
<tr><td>Case 2
(MCE Level)
2400년 재현주기
지진 수준</td><td>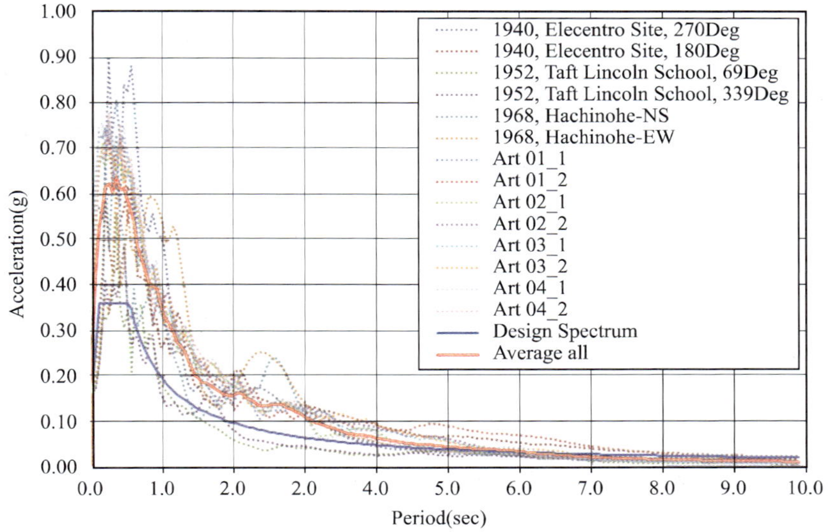
</td></tr>
</table>

면진장치 이력모델

표 3.8.4 장치별 이력모델

구분		
NRB	고무외경 400 mm 수평강성 0.611 kN/mm 연직강성 1,391 kN/mm 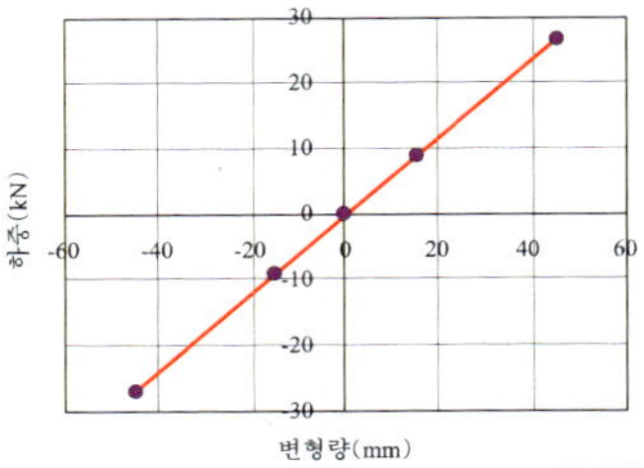	고무외경 900 mm 수평강성 1.377 kN/mm 연직강성 3,187 kN/mm 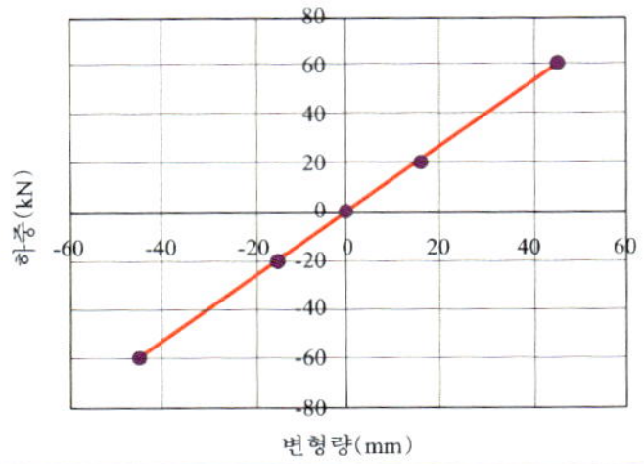
LRB	고무외경 400 mm 수평강성 1.009 kN/mm 연직강성 1,548 kN/mm 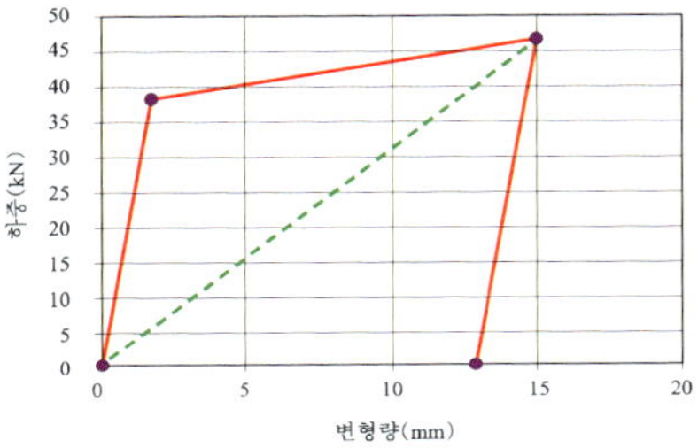	고무외경 500 mm 수평강성 1.410 kN/mm 연직강성 1,935 kN/mm 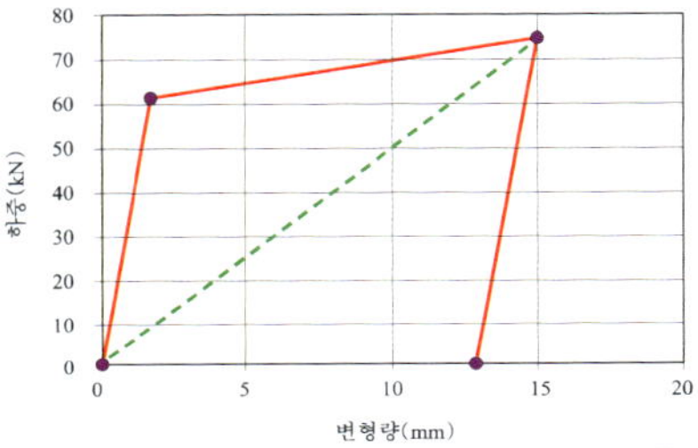
	고무외경 700 mm 수평강성 2.313 kN/mm 연직강성 3,314 kN/mm 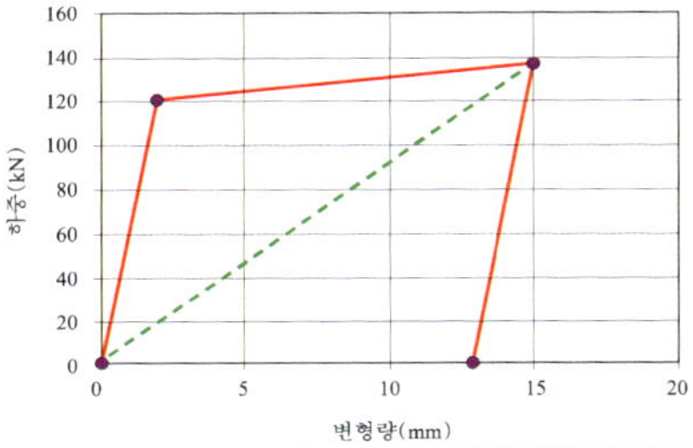	고무외경 900 mm 수평강성 3.389 kN/mm 연직강성 4,379 kN/mm 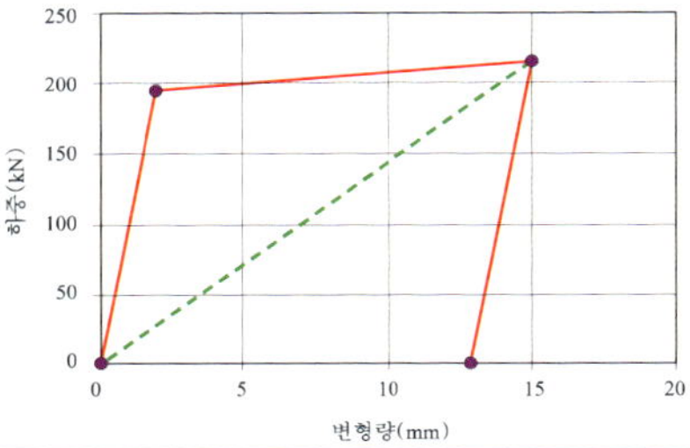
	고무외경 1000 mm 수평강성 4.081 kN/mm 연직강성 4,641 kN/mm 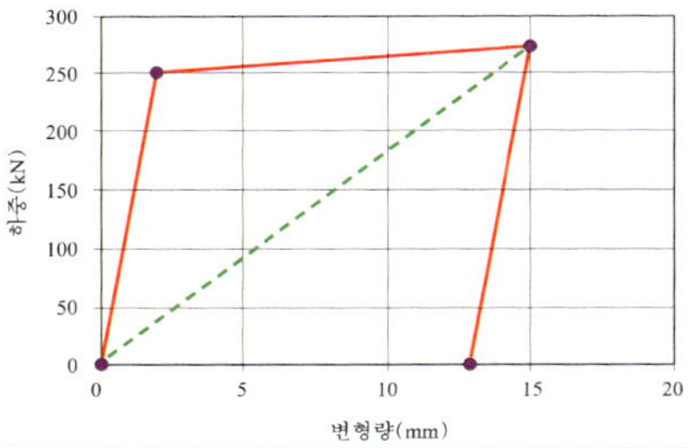	

▌면진층 편심검토

지진하중의 크기별 상부구조물의 질량중심과 면진층의 강성중심이 1,000mm / 3% 이내가 되어 편심이 발생하지 않도록 면진장치를 배치하였다.

표 3.8.5 지진수준별 편심 현황

Case 1 (DBE Level)	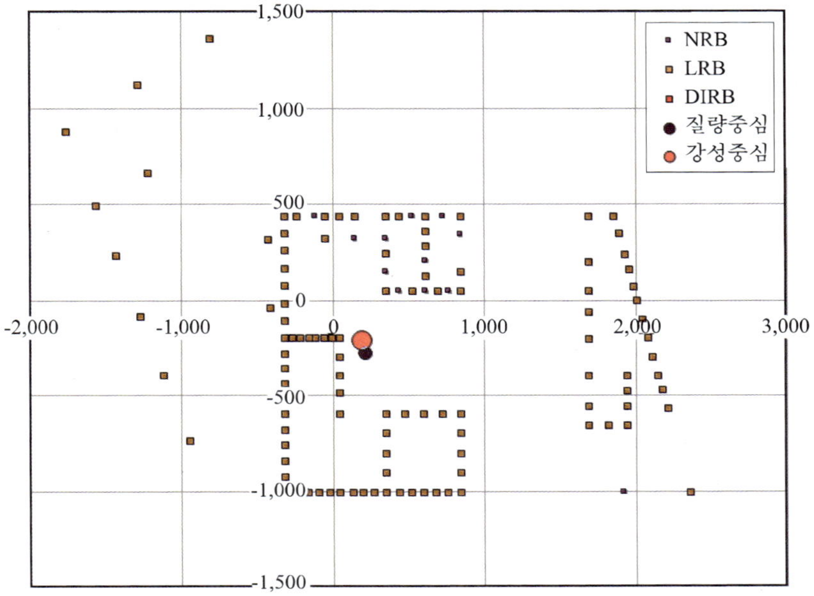
Case 2 (MCE Level)	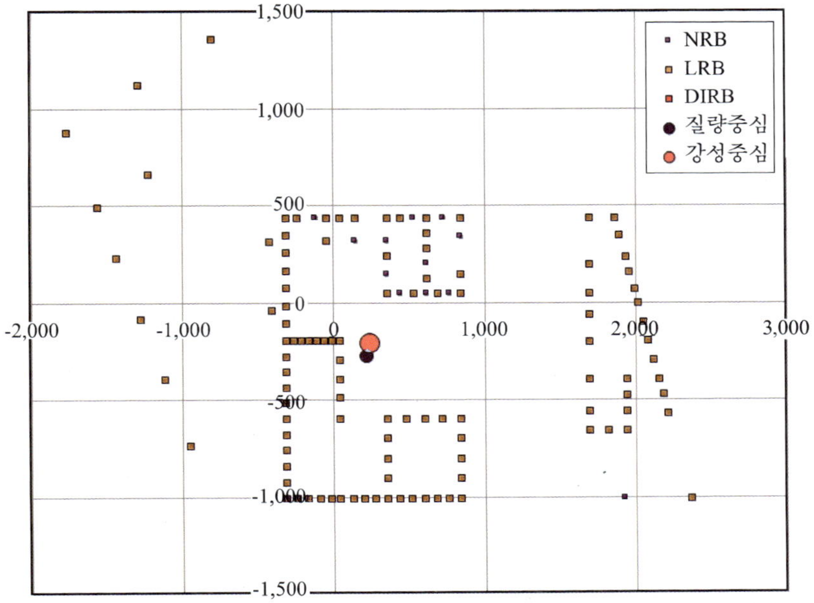

▌시간이력 지진응답해석 결과

면진장치의 거동으로 면진구조물의 변위, 층간변위, 가속도가 목표를 만족하는 것으로 나타났다.

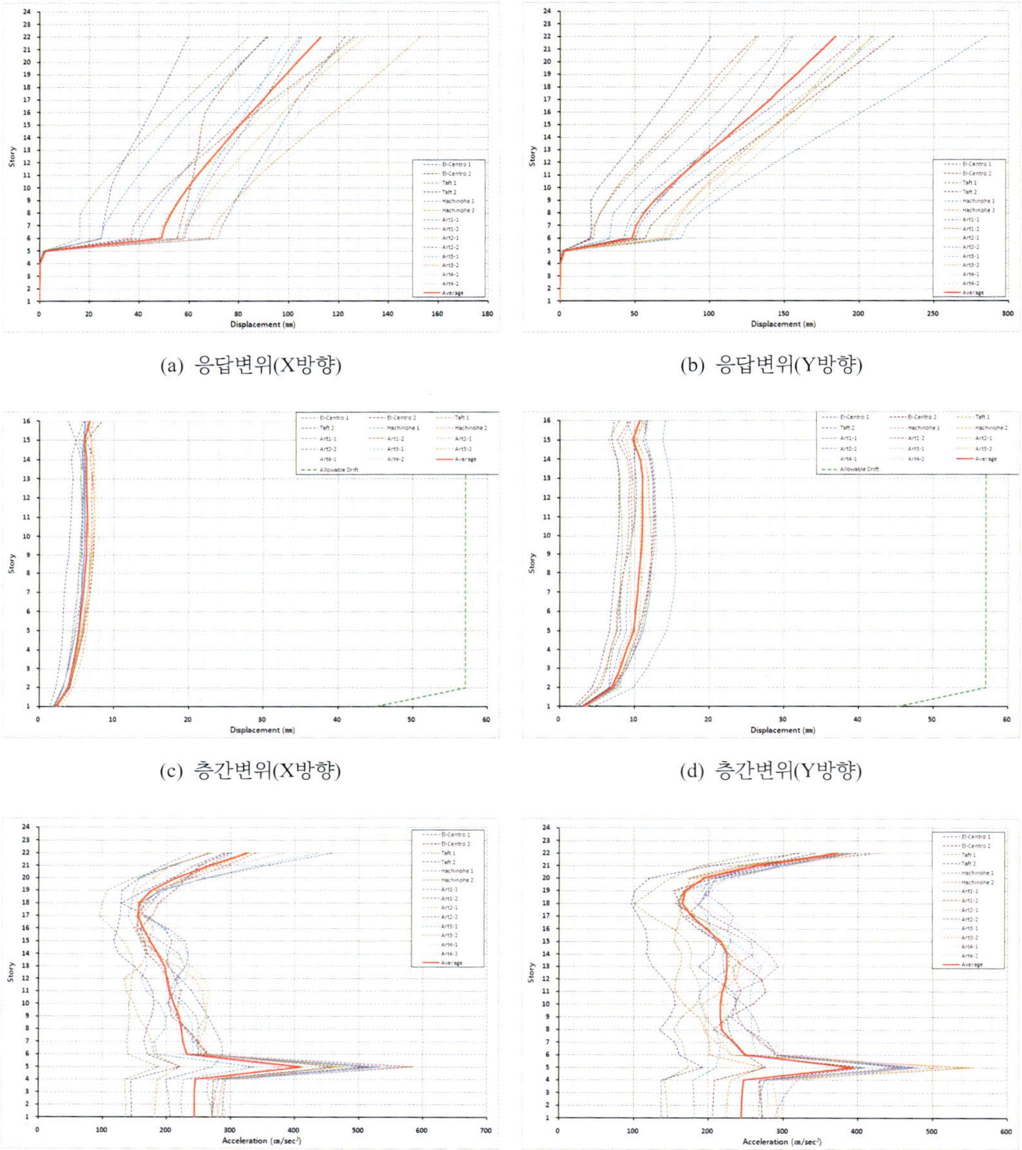

(a) 응답변위(X방향)　(b) 응답변위(Y방향)

(c) 층간변위(X방향)　(d) 층간변위(Y방향)

(e) 가속도(X방향)　(f) 가속도(Y방향)

그림 3.8.8 지진응답

3.8.5 면진장치의 시공과정

(a) Wide Beam 배근

(b) 하부 페데스탈 철근 배근

(c) 하부 베이스플레이트 및 거푸집 설치

(d) 페데스탈 무수축몰탈 타설

(e) 거푸집 탈형 후 면처리

(f) 면진장치 설치 후 볼트 토크치검사

그림 3.8.9 면진장치 시공

3.9 LG CNS 부산 글로벌 클라우드데이터 센터

LG CNS 부산 글로벌 클라우드 데이터센터는 2011년 동일본지진발생이후 발주처가 면진구조를 도입하고자 현상설계를 실시하여 국내에서 최초로 면진구조가 적용된 임대형 데이터센터이다.

당초 현상설계 안에서는 기초면진에 NRB와 댐퍼로 조합한 면진구조였으나, 실시설계과정에서 NRB와 LRB의 조합으로 변경하였다. 24시간 365일 운영하는 데이터센터는 지진발생 시에도 금융, 개인정보 등 고객의 중요 데이터와 전산장비 등을 보호하고자 국내에서 최초로 BCP(Business Continuity Plan : 업무연속성계획)를 도입한 데이터센터이다.

설계시 BCP도입을 하기 위해 재해위험도 평가시 부산지역 쓰나미 예상수위 해발 4.5m와 100주기 홍수에 의한 범람을 고려하여 해발 6m의 부지를 선정하였다. 지진은 한반도 역사지진을 조사하여 예측한 지진규모 6.5와 일본의 고객사 유치를 위해 진도8에도 무중단서비스가 가능하도록 설계지진동을 설정하였다.

3.9.1 건축개요

그림 3.9.1 전경

표 3.9.1 개요

건축용도	데이터센터		
규모	지상 5층(서버 72,000대), 면진PIT층		
건축면적 (연면적)	32,321m^2		
상부구조종별	철근콘크리트조, 기초면진		
위치	부산광역시 강서구 미음지구		
준공년도 (시공기간)	2011.05~2013.05		
면진장치 종류	NRB1100-38ea, LRB1100-54ea, LRB1200-4ea		
발주처	LG CNS	면진장치 제조	유니슨HKR(주) 동일고무벨트(주)
건축설계	(주)간삼건축+Nikken Sekei	제진장치 제조	-
구조설계	티섹구조	시공	서브원
면진설계	(주)에코닝	시공감리	간삼건축

데이터센터는 수많은 서버등의 발열로 뜨거워진 전산실 내부 공기를 항온항습기로 일정한 온도로 냉각하는데 이 과정에서 많은 전력이 소모가 된다. LG CNS부산데이터센터는 전산실의 뜨거워진 공기를 모아 외부로 배출하는 공기통로인 풍도(굴뚝)를 도입한 구조로 데이터센터에 처음 적용하고 빌트업공조 설계를 도입하여 데이터센터 건물 좌우측면에서 외부 공기를 끌어들여 전산실 냉각에 적합한 서늘한 공기로 만들도록 설계되었다.

3.9.2 건축계획

평면은 전산서버실의 기능을 충실히 할 수 있도록 계획하였다.

단면계획은 전기실과 비상발전기실등의; 주요핵심설비도 지진으로부터 기능유지가 가능하도록 면진층 상부인 1층과 2층에 계획하고 전산서버실은 2층 이상에 계획하였다.

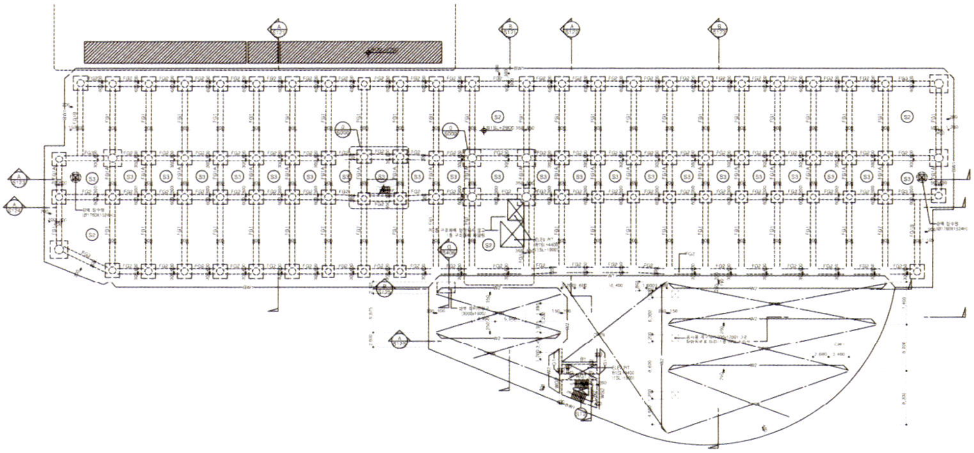

그림 3.9.2 평면도

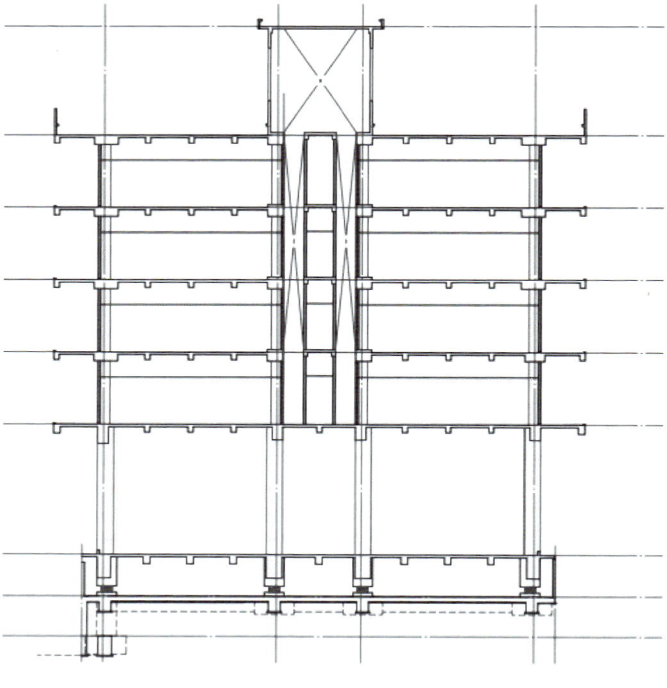

그림 3.9.3 단면도

3.9.3 면진구조계획

▌면진구조 성능목표

- 본 건물은 전산센터로 최대고려지진시에도 기능유지가 가능하도록 면진층에서 지진력 저감을 하여 바닥응답가속도가 250gal 이하가 되도록 하였다.
- 최대고려입력지진시에도 비구조부재에 대한 내진설계가 경감되도록 하여 경제성을 확보하였다.

표 3.9.2 성능목표

지진동레벨		설계지진동 (20kine:레벨1)	최대지진동 (40kine:레벨2)
상부구조	응답가속도	200gal 이하	250gal 이하
	응답층전단력	단기허용응력 이하	탄성한계내력 이하
	층간변형각	1/1000 이하	1/600 이하
비구조부재		응답가속도, 층간변형각 허용치 이내	주요설비,기기및컴퓨터의 안정가동 허용범위 이내
면진장치	수평변형	안정변형 (100% 이내)	허용변형 (250% 이내)
	인장력	인장력발생않음	인장력발생않음
기초		단기허용내력 이내	단기허용내력 이내

▌면진층 평면 및 장치 배치계획

- 면진장치는 연직하중의 약 50%를 중앙의 천연고무계면진장치가 지지하고 납봉삽입면진장치를 외곽부에 배치하여 비틀림저항성을 크게하여 편심에 저항하도록 배치하였다.
- 편심율은 자주발생할 수 있는 작은 지진시(10%변형시) 0.8% 내외 드물게 발생하는 최대지진시(250%변형시)에는 0.7% 이하로 매우 안정적으로 거동함을 확인하였다.

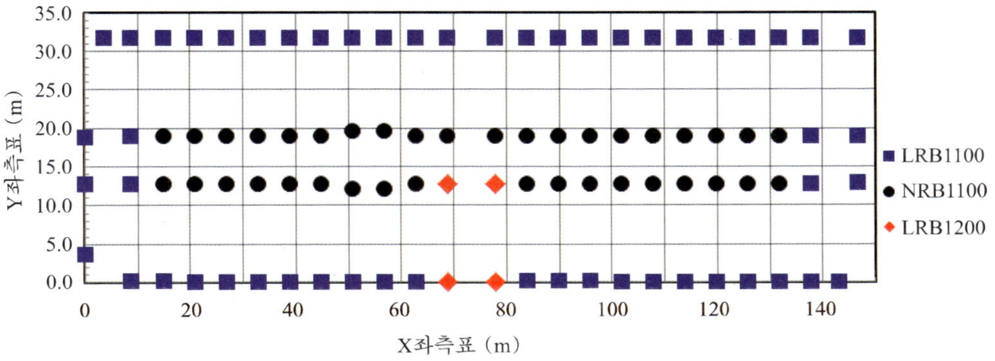

그림 3.9.4 면진장치 배치도

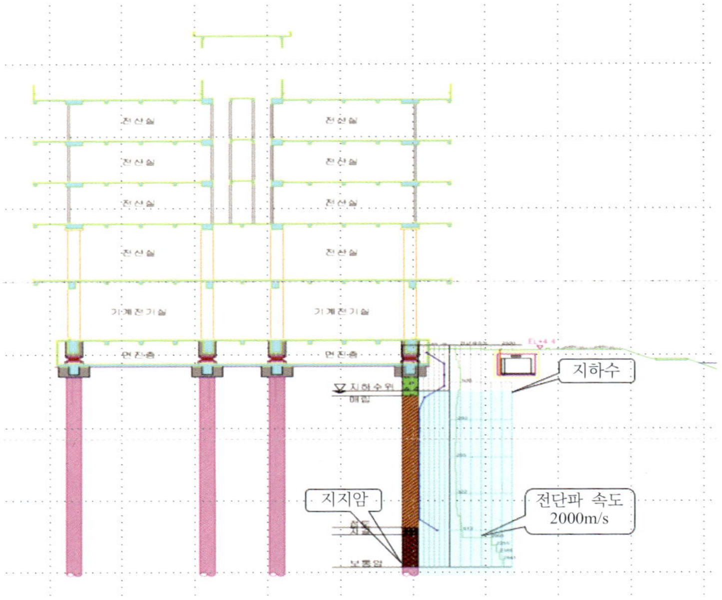

그림 3.9.5 지지지반과 지층구조

▌ 면진장치 종류 및 성능

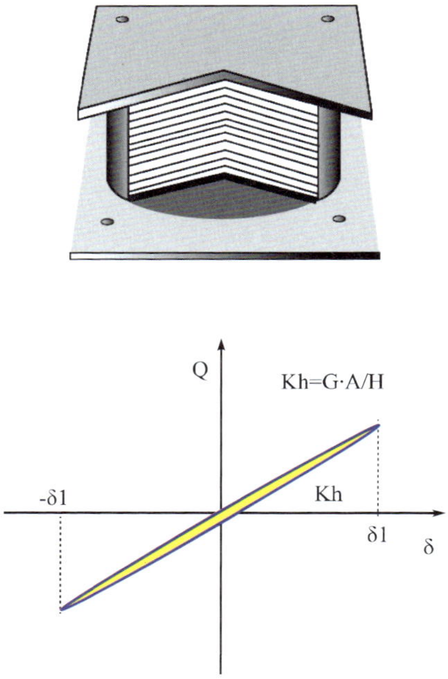

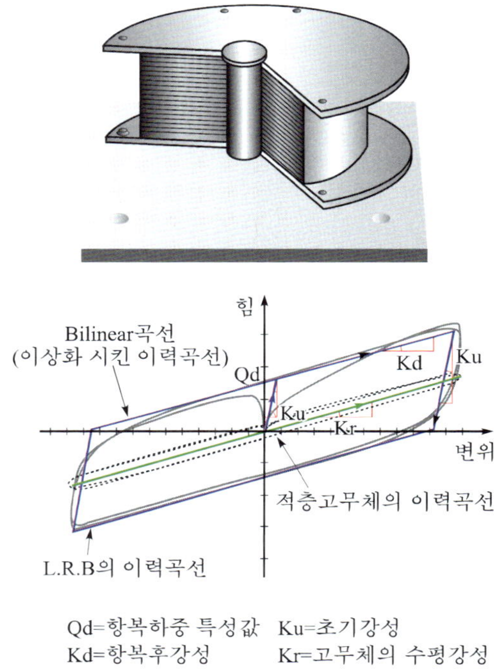

그림 3.9.6 천연고무계적층고무면진장치(NRB)

그림 3.9.7 납봉삽입적층고무면진장치(LRB)

면진장치는 2종류를 선정하여 최적배치를 하였다.

▌면진구조 설계 특징 및 유의사항

- 진도9 지진발생시 기능유지 성능요구로 최대고려지진동을 40kine으로 설계지진동을 설정하였다.
- 후쿠오카 인근에서 지진이 발생하여 장주기 성분이 포함되는 경우를 가정하여 계속시간이 긴 인공지진파형을 부지응답해석으로 지진동을 작성하여 검토하였다.
- 비구조부재의 설계는 상부구조의 응답가속도를 적용하여 설계하여 경제성을 확보할 수 있도록 하였다.
- 상황실에서 면진장치를 모니터링할 수 있도록 CCTV를 설치하였다.

표 3.9.3 장치변형

10% 변형시 (2.24cm변형)			100% 변형시 (22.4cm변형)		200% 변형시 (44.8cm변형)	
구분	X	Y	X	Y	X	Y
편심율	0.000	0.008	0.001	0.007	0.001	0.007
판정 ≤ 0.03	OK	OK	OK	OK	OK	OK
50% 변형시 (11.20cm변형)			150% 변형시 (33.60cm변형)		250% 변형시 (56.0cm변형)	
구분	X	Y	X	Y	X	Y
편심율	0.000	0.007	0.001	0.007	0.002	0.007
판정 ≤ 0.03	OK	OK	OK	OK	OK	OK

3.9.4 면진구조 응답해석 및 결과

지진응답해석은 관측지진파 3파와 자유장 부지응답해석에 의한 인공지진파 3파를 작성하였다. 인공지진파는 장주기성분을 포함하고 지속시간이 120sec인 경우와 지속시간이 짧은 60sec 그리고 직하형 지진동을 가정하여 작성하였다.

표 3.9.4 해석지진파

관측지진파		인공지진파	
EL CentroNS (1940)	40kine(409gal) -54s	KH-A (해양형지진동-Hachinohe EW위상각)	40kine(200gal) -120s
TAFT EW (1952)	40kine(398gal) -54s	KT-B (계속시간이짧은 해양형지진동-Tohoku Univ.위상각)	40kine(173gal) -60s
Hachinohe EW (1968)	40kine(191gal) -51s	KK-C (직하형지진동-Kobe JMA위상각)	40kine(189gal) -60s

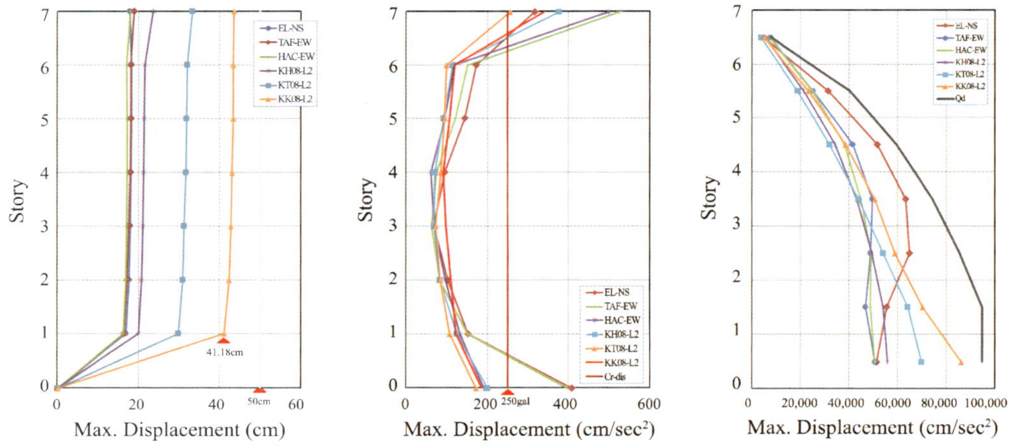

그림 3.9.8 지진응답해석 결과

3.9.5 면진장치의 성능검사

면진장치는 제작후 전수 검사에 의한 성능검사를 실시하였다. 또한 성능검사 결과를 고려하여 면진장치 배치 확인을 실시하였다.

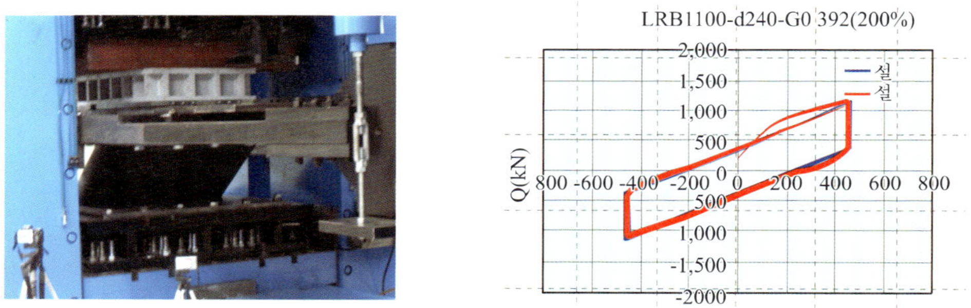

그림 3.9.9 Prototype Test결과 설계이력과 실물실험 결과 복원력특성 비교

3.9.6 면진장치의 시공과정

(a) 앵커 철근 설치 후 슬래브타설

(b) 하부 페데스탈 철근 배근 및 높이조절

(c) 하부 베이스플레이트 및 거푸집 설치

(d) 페데스탈 무수축몰탈 타설

(e) 베이스플레이트 설치후 레벨확인

(f) 면진장치 설치

(g) 면진장치 설치 완료

(h) 면진장치 양생

(i) 상부골조 시공

(j) 상부 골조 시공 완료

그림 3.9.10 면진장치 시공

3.9.7 준공 현황

(a) 면진층 전경

(b) 서버실 내부

(c) 준공후 전경

(d) 상황실

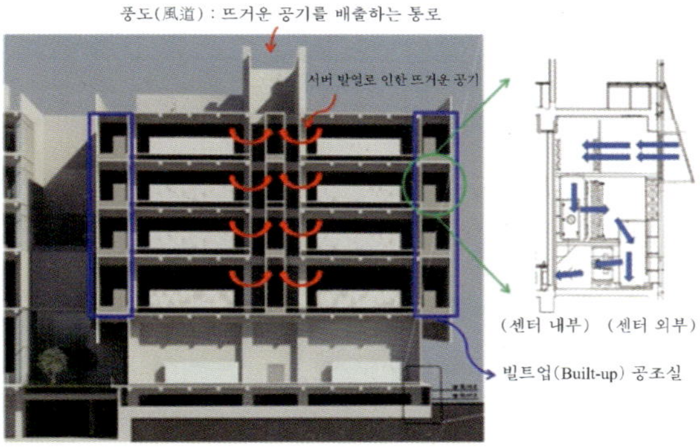

(e) 풍도시스템

(f) 옥탑 풍도 그릴

그림 3.9.11 준공 모습

3.10 NH 통합IT센터

NH 통합IT센터는 데이터센터 및 교육연구시설의 전산동 하부에 중간층면진을 적용한 면진구조물로, 지진발생 시에도 전산장비 등을 보호하고자 하는 목적으로 적용되었다.

3.10.1 건축개요

그림 3.10.1 전경

표 3.10.1 개요

건축용도	교육연구시설(연구소)
규모	지하 2층 / 지상 10층
연면적	92,247.31m^2
상부구조종별	철근콘크리트조, 중간층면진
위치	경기도 의왕시 포일동
준공년도 (시공기간)	2014
면진장치 종류	NRB, LRB / 69set

발주처	NH농협	구조설계	(주)아이맥스트럭처
시공업체	(주)현대건설	면진설계	동일고무벨트(주)
면진설계 전문가검토	(사)한국면진제진협회	면진장치 제조 및 공사	동일고무벨트(주)
건축설계	(주)디에이그룹엔지니어링종합건축사사무소		

3.10.2 건축계획

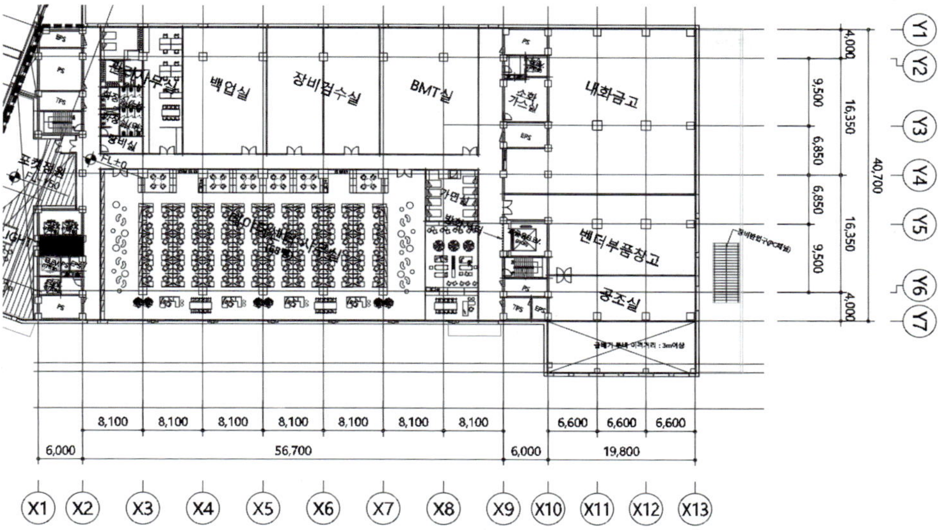

그림 3.10.2 평면도

3.10.3 면진구조계획

면진구조 성능목표

표 3.10.2 성능목표

항목	목표	
설계지진력	Level 1	Level 2
	2400년 재현주기 지진의 2/3 수준 (DBE Level)	2400년 재현주기 지진 수준 (MCE Level)
강성중심/질량중심 편심율	비틀림에 의한 영향을 최소화하기 위해 편심거리는 1,000mm 이하, 편심율은 3.0% 이하를 만족함.	
풍하중에 대한 안전성	풍하중에 대한 면진층 층간변형각은 0.186~0.486%으로 면진장치가 탄성상태를 유지함.	
면진층 허용변위	면진층의 최대변위는 135.0mm로 면진장치의 허용변위 350mm 및 이격거리 150mm를 만족함.	
면진상부층 층간변위비	면진상부층의 층간변위는 0.038~0.083%로 즉시거주 수준의 허용층간변위비 0.5%를 만족함.	
면진상부층 허용가속도	데이터센터의 내부 전산설비 등의 정상작동을 위하여 면진상부층의 최대가속도는 100~139cm/s^{2}으로 허용가속도인 200cm/s^{2}을 만족함.	
전도에 대한 안정성	전도모멘트는 저항모멘트의 0.91~2.19%로 안정성을 만족함.	
면진장치 허용력	면진장치의 허용압축력 및 허용인발력을 만족함.	
면진층, 상/하부 구조물	면진층의 수평강성은 지진에너지의 대부분을 흡수하여 층간변위가 면진층에 집중되도록 설정함. 구조부재의 소성화로 인한 손상을 막기 위해 상하부 구조물은 탄성거동 하도록 계획함.	

▌ 면진장치 종류 및 성능

NRB (Natural Rubber Bearing) 고무의 탄성거동에 의한 복원효과	LRB (Lead Rubber Bearing) 납봉의 이력거동에 의한 감쇠효과
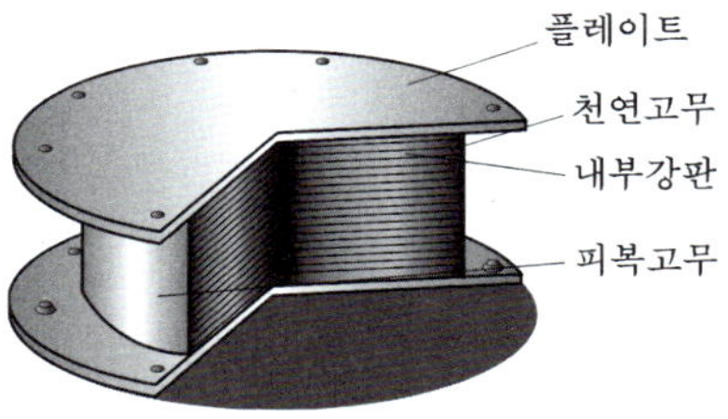 	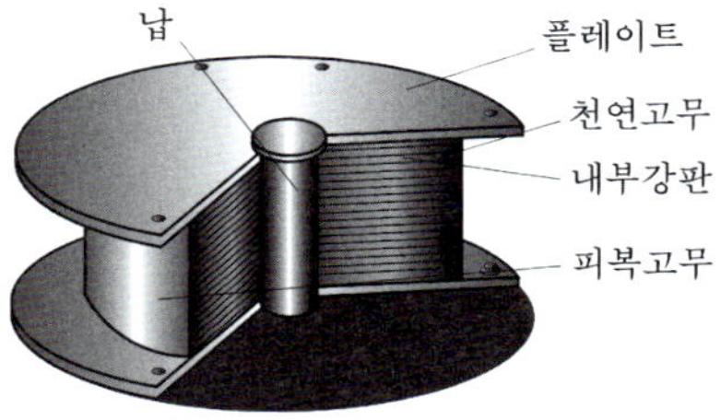
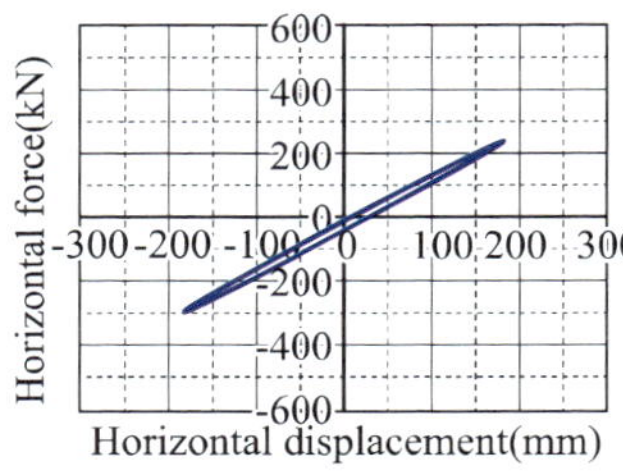 	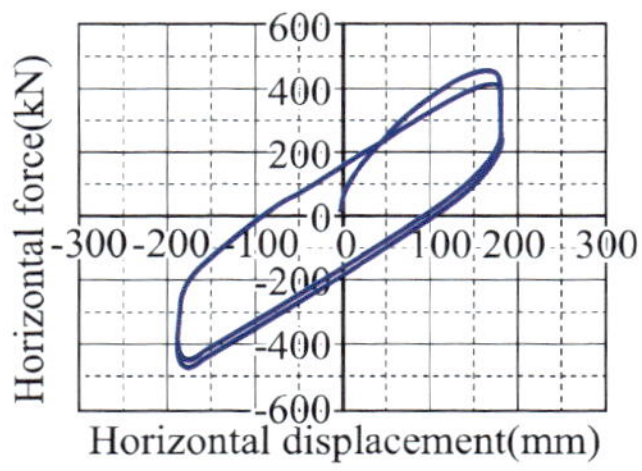
(a) NRB	(b) LRB

그림 3.10.3 면진장치

▌ 면진 해석프로그램

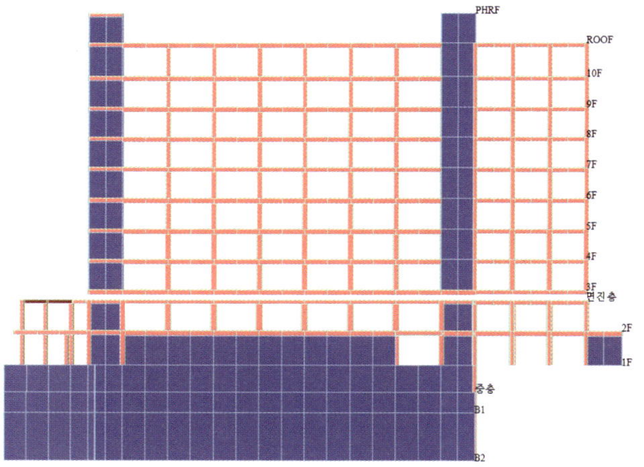

<면진해석 모델 정면>

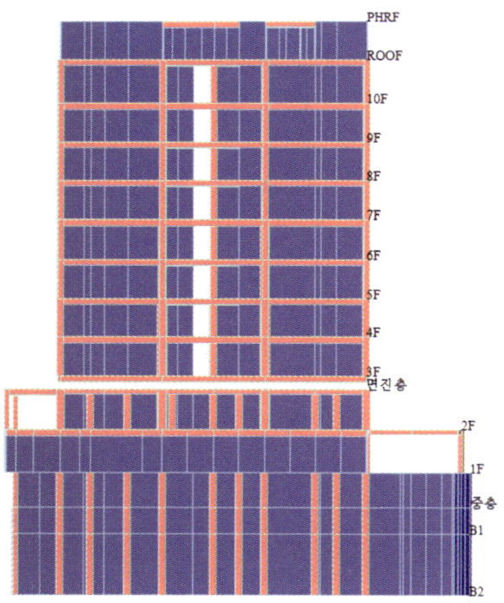

<면진해석 모델 측면>

그림 3.10.4 MIDAS GEN (경계비선형해석으로 설계 수행)

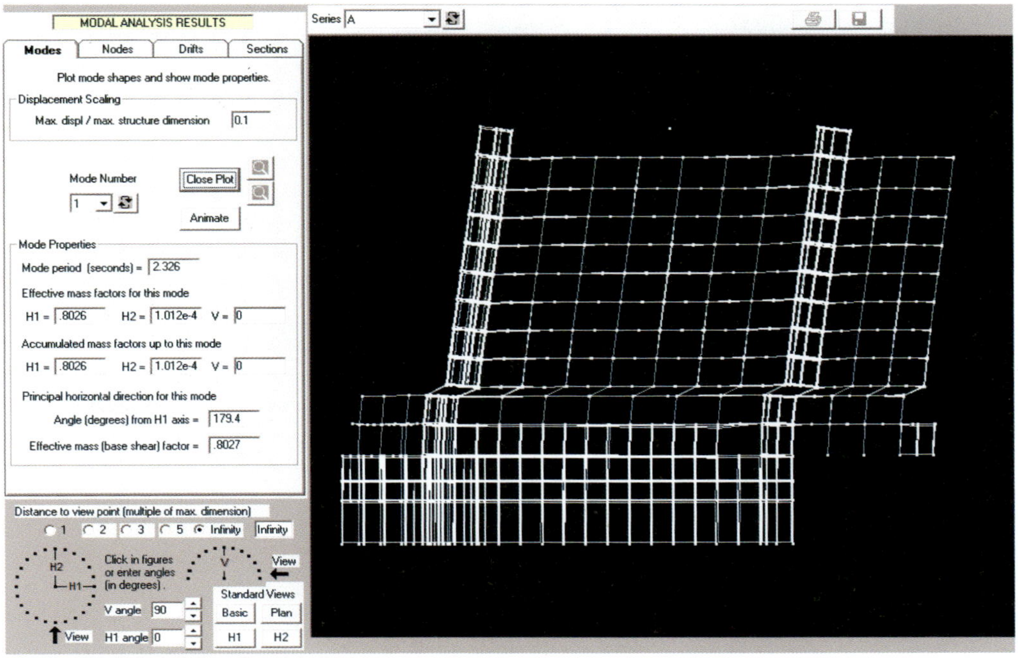

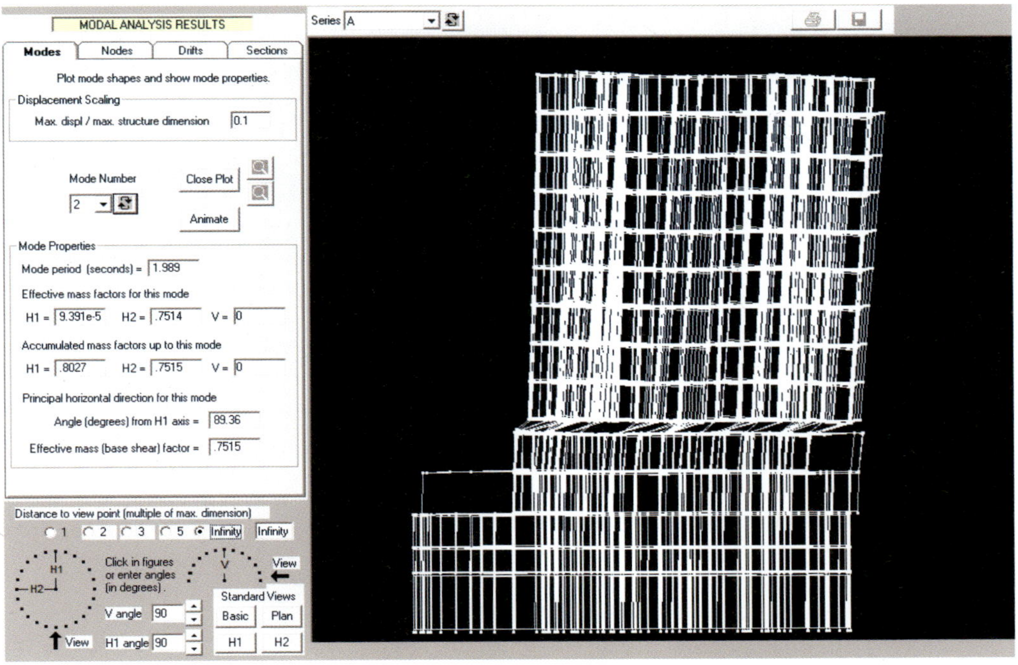

그림 3.10.5 Perform-3D (비선형해석 수행으로 검증)

■ 면진장치 배치

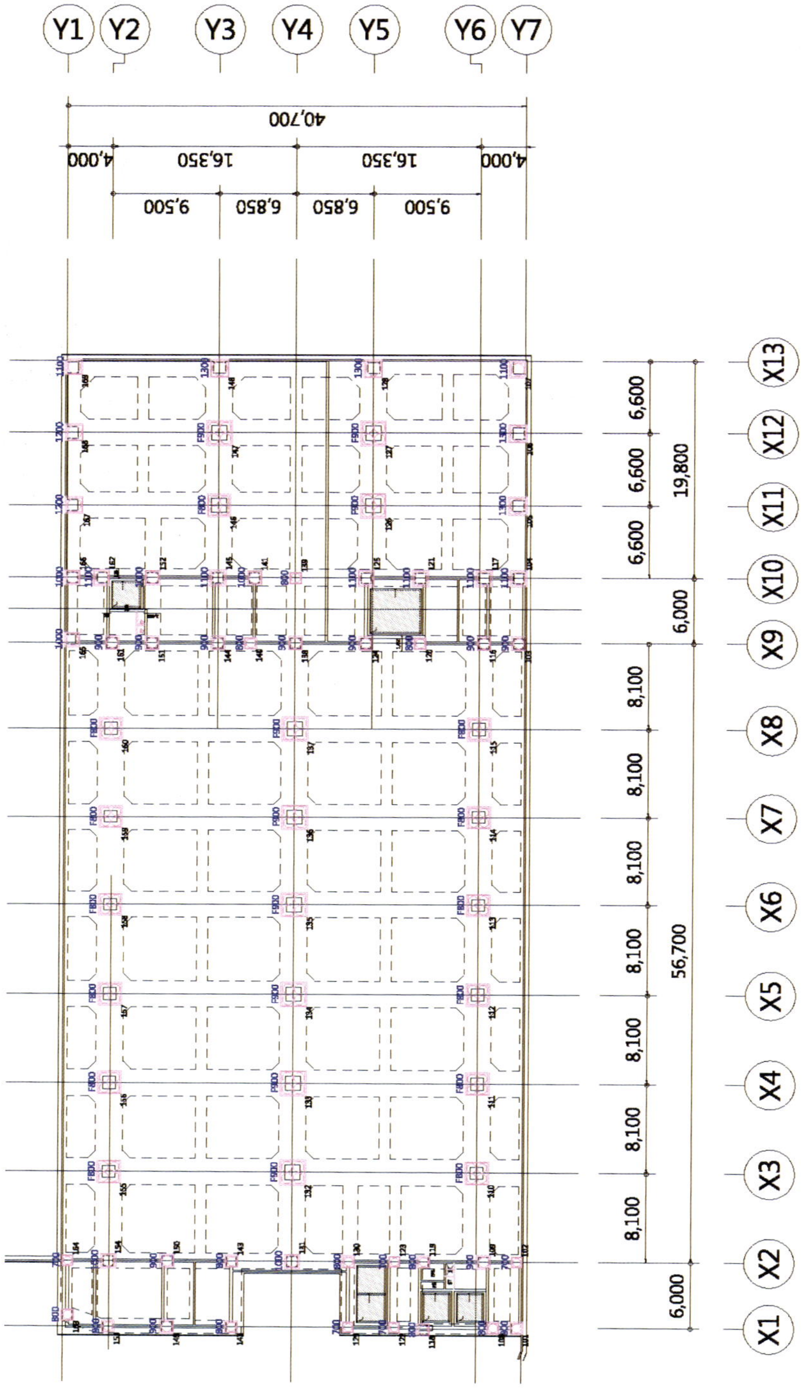

그림 3.10.6 장치배치도

3.10.4 면진구조 응답해석해석 및 결과

▌입력 지진동

다양한 지진파에 대한 면진구조물의 응답을 확인하고자 3쌍의 관측지진파(El-Centro, Taft, Hachinohe) 및 4쌍의 인공지진파를 사용하여 총 7쌍(14가지)의 지진파를 지진하중 크기별로 스케일링하여 시간이력해석을 수행하였다.

표 3.10.3 가속도응답스펙트럼

<table>
<tr><td>Case 1
(DBE Level)
2400년 재현주기
지진의 2/3 수준</td><td>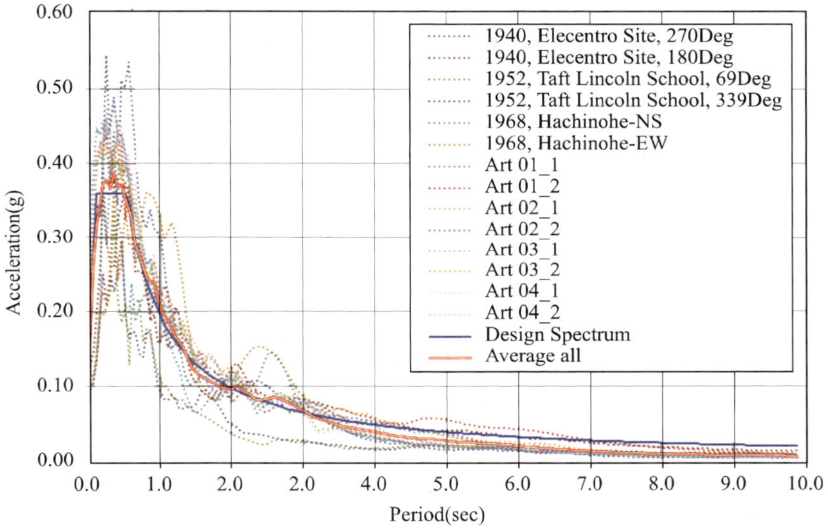
</td></tr>
<tr><td>Case 2
(MCE Level)
2400년 재현주기
지진 수준</td><td>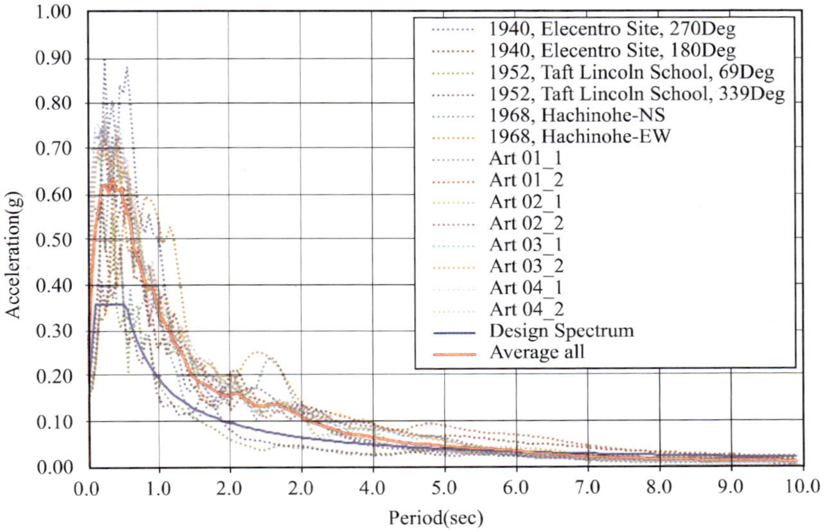
</td></tr>
</table>

▌구조물 이력모델

표 3.10.4 장치별 이력모델

Case 1 (DBE Level)	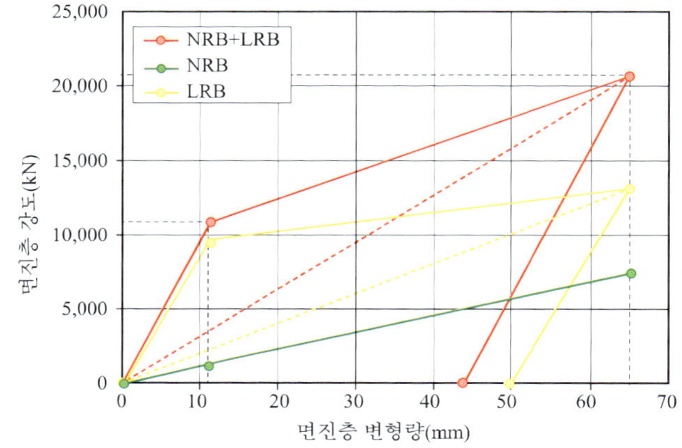
Case 2 (MCE Level)	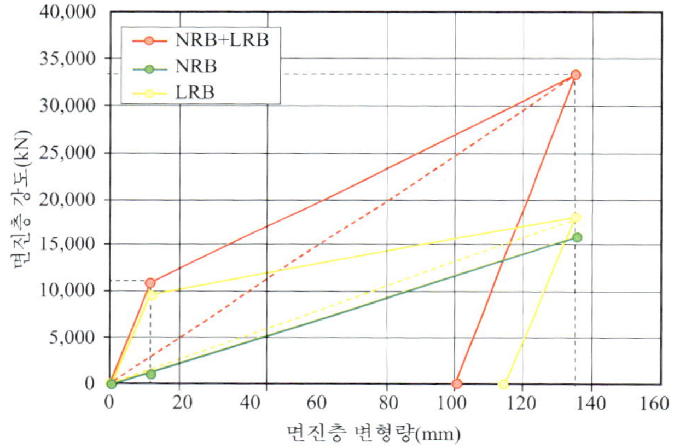

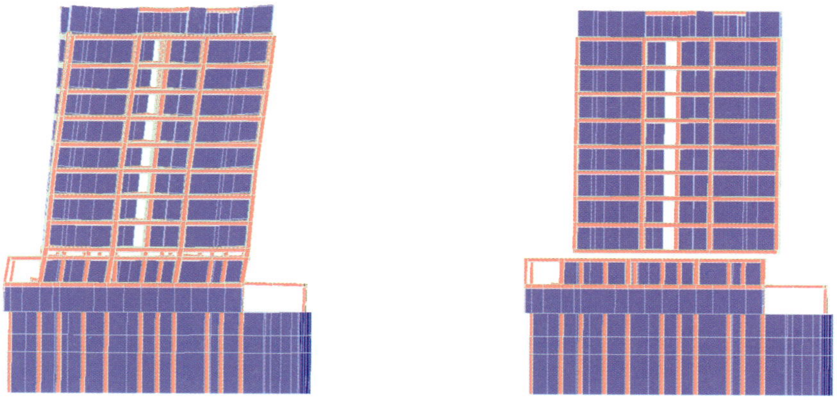

내진구조물　　　면진구조물

그림 3.10.7 내진 및 면진구조물 비교

▌면진층 편심검토

지진하중의 크기별 상부구조물의 질량중심과 면진층의 강성중심이 1,000mm / 3% 이내가 되어 편심이 발생하지 않도록 면진장치를 배치하였다.

표 3.10.5 지진수준별 편심 현황

Case 1 (DBE Level)	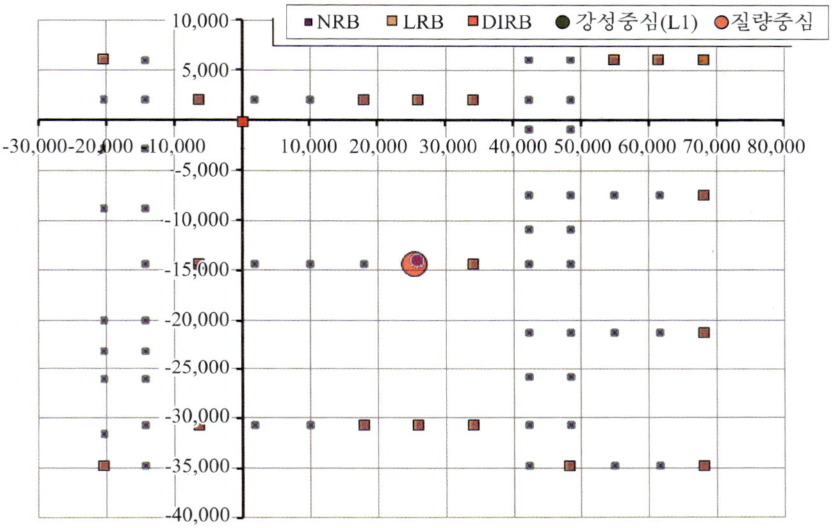
Case 2 (MCE Level)	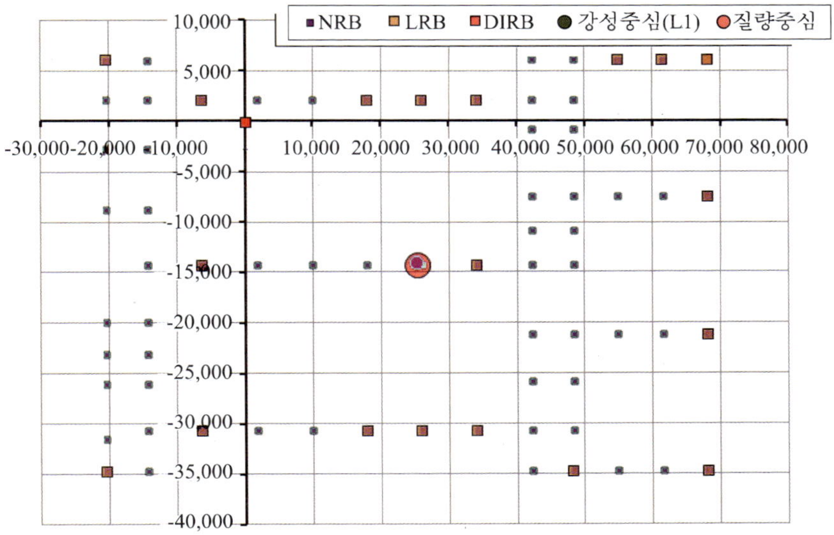

풍하중에 대한 안전성 검토

표 3.10.6 풍하중 층변위

	X방향	Y방향
층변위	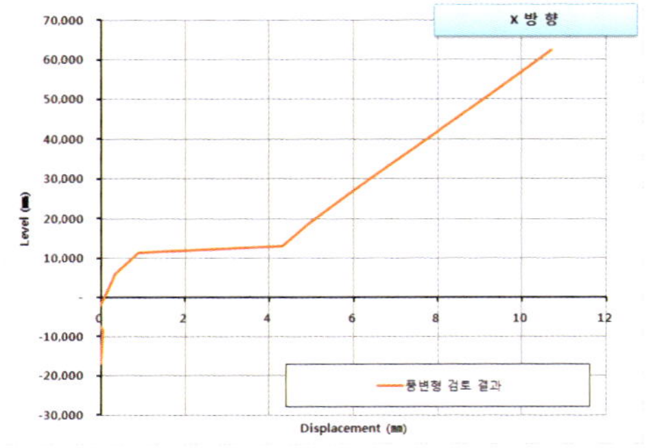	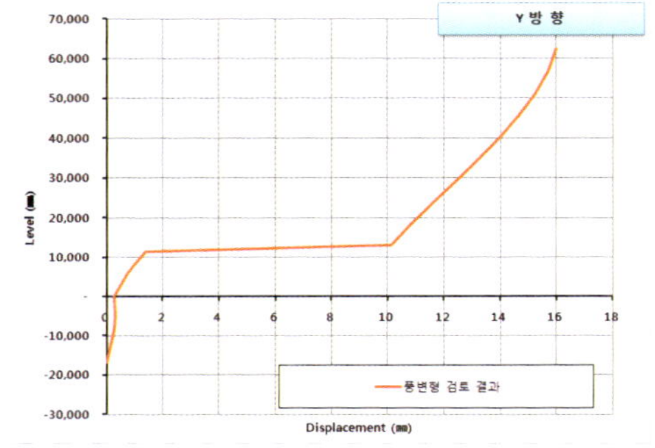
	층간변형률 0.186%으로 허용값(0.5%) 만족	층간변형률 0.486%으로 허용값(0.5%) 만족

시간이력 지진응답해석 결과

표 3.10.7 지진응답(내진 vs. 면진)

	X방향	Y방향
응답변위	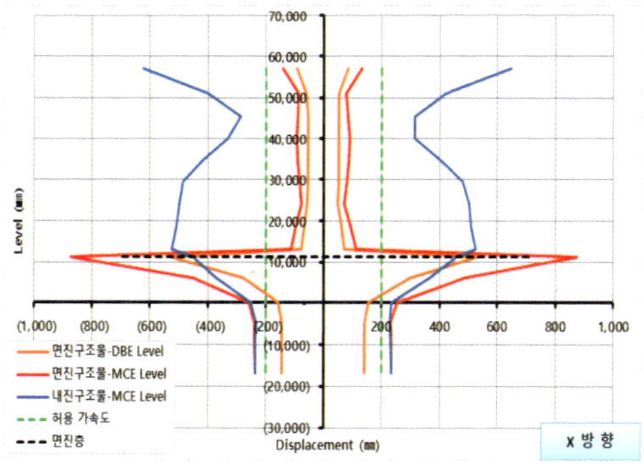	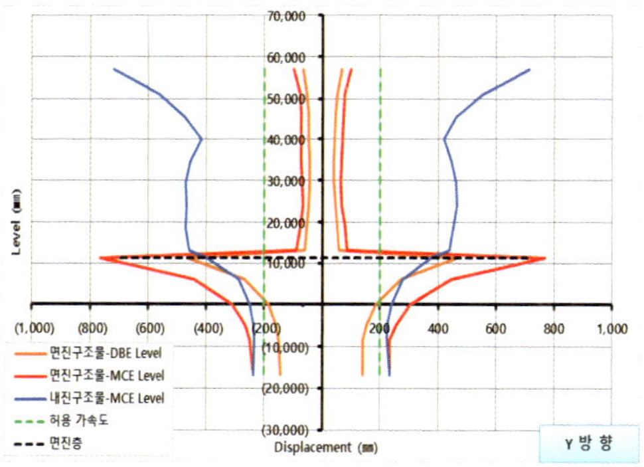
가속도	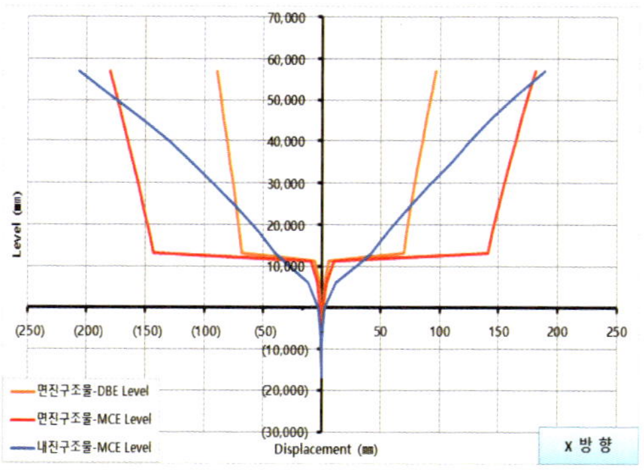	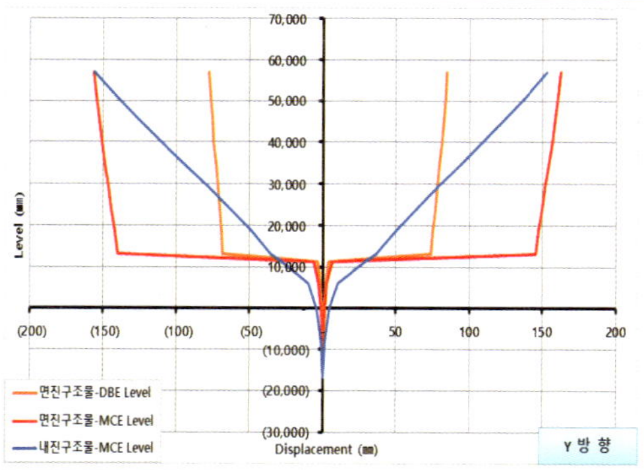

면진장치의 변형으로 응답변위의 대부분이 면진층에서 발생하여 면진층 상부구조물의 층간변형률은 즉시거주 수준인 0.5%를 충분히 만족하고 있으며, 가속도도 데이터센터 목표수준인 200cm/sec^2 를 충분히 만족하는 것으로 나타나 면진성능이 충분히 발휘된 것으로 확인되었다.

표 3.10.8 면진구조물의 Level 2(2400년 재현주기 수준)의 지진별 응답

<table>
<tr><th></th><th>X방향</th><th>Y방향</th></tr>
<tr><td>응답변위</td><td>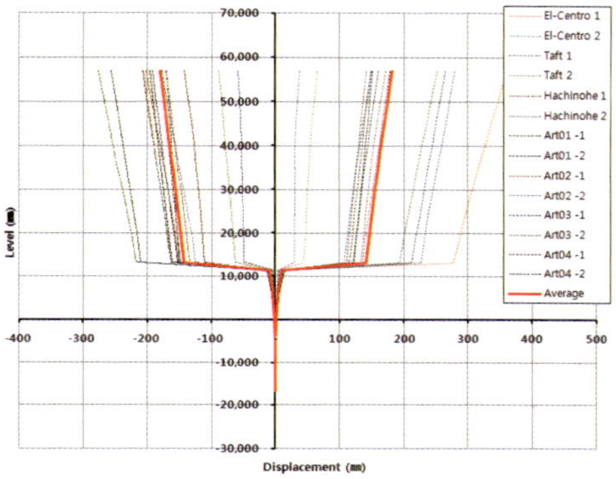
</td><td>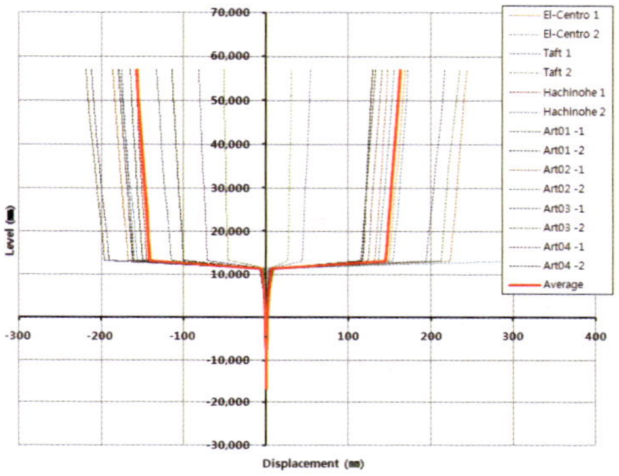
</td></tr>
<tr><td>층간변형률</td><td>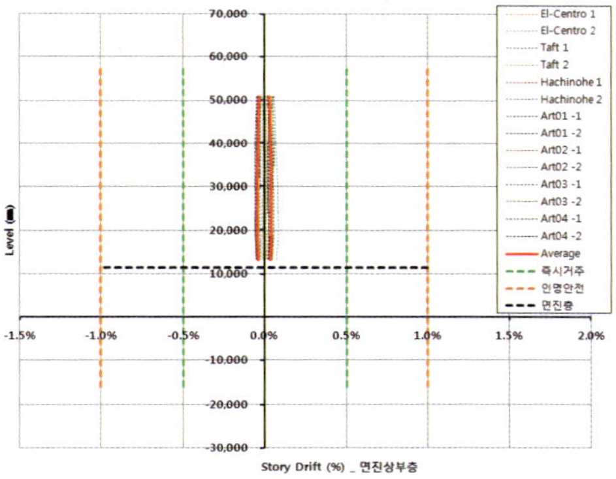
</td><td>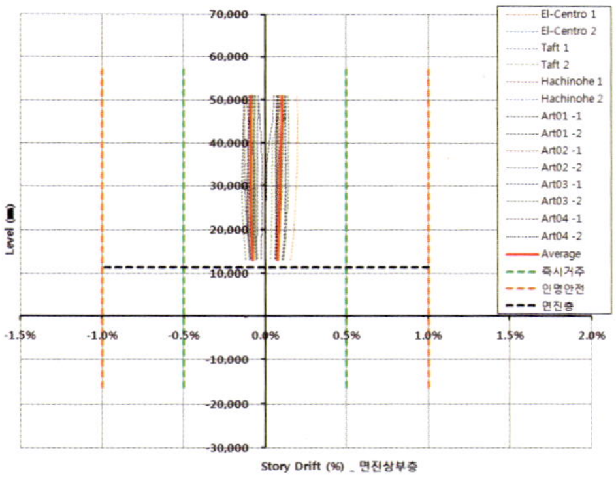
</td></tr>
<tr><td>가속도</td><td>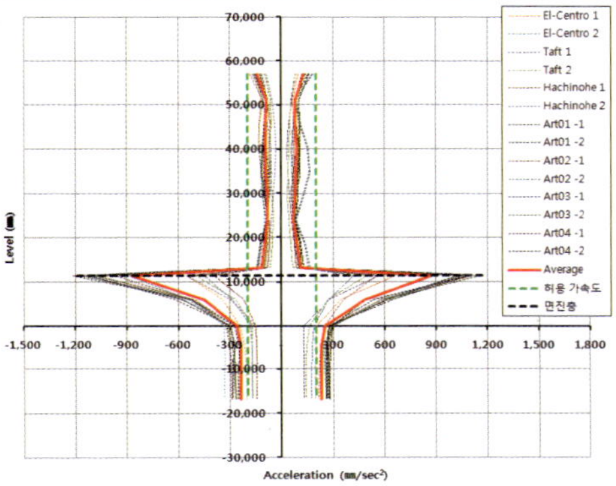
</td><td>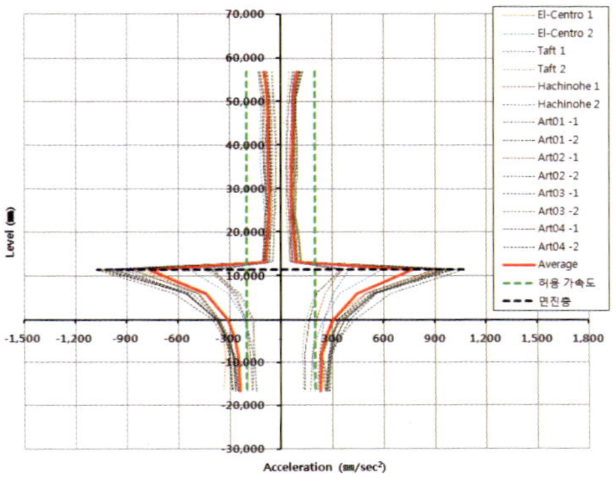
</td></tr>
</table>

면진장치 성능검사

NRB 성능검사

Customer		Dimension	90.00(Φ) • 41.60cm(T)	Date	2014-11-19
Product		Tester	압축기본강성	Lot. No.	NRB-900-03

Vertical Stiffness Test

Pretesting load speed : 763.100 kgf/cm²/min
Testing Temperature : ℃ Testing speed : 0.01 cycle/sec
Size of specimen : 90.00(Φ) • 41.60cm(T)
Nominal thickness of an elastomer layer : 7.2 mm
Total initial thickness of elastomer (To) : 180.0 mm
Maximum vertical load : 1,008.4 ton
Reserved cycle number of test specimens : each 3cycle of loading between P1 and P2

Description	Symbol	Vertical test						Remarks
		1 (first)		2 (second)		3 (third)		
Cycle no.	-	load	deform.	load	deform.	load	deform.	
Unit	-	kgf	mm	kgf	mm	kgf	mm	
Vertical Value	Pmax							Pa=1.30•Pdes Pb=0.70•Pdes
	Pa	1,008,365	-10.34	1,007,492	-10.31	1,007,056	-10.31	
	Pb	543,670	-11.57	543,670	-11.56	542,798	11.54	
Vertical stiffness (kgf/mm)	Kvi	377,798		373,382		375,579		(Pa-Pb)/(Da-Db)
Average vertical stiff. (kgf/mm)	Kv	375,586						(Kv1+Kv2+Kv3)/3
Inspection of isolation edge	-							-

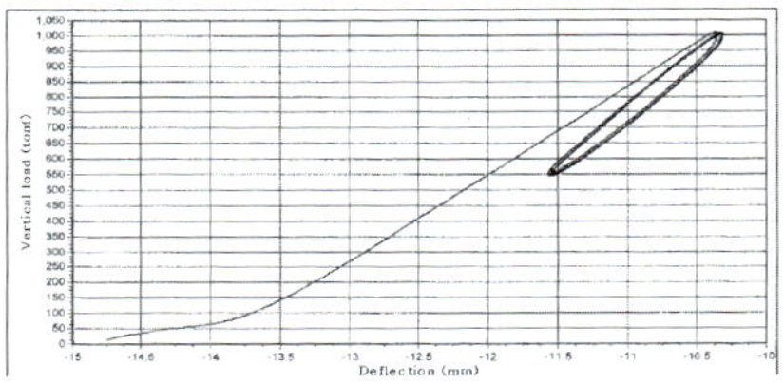

Customer		Dimension	90.00(Φ) • 41.60cm(T)	Date	2014-11-19
Product		Tester	전단기본강성	Lot. No.	NRB-900-03

Horizontal Test

Testing Speed : 0.00 cycle/sec
Testing Temperature : ℃
Size of specimen : 90.00(Φ) • 41.60cm(T)
Reserved cycle number of test specimens : each 3cycle at specified displacement
Total initial thickness of elastomer layer : 180.0 mm
Vertical load : 763.1 ton
Shear strain : tan r = 1.00
Yield force (Fy) :

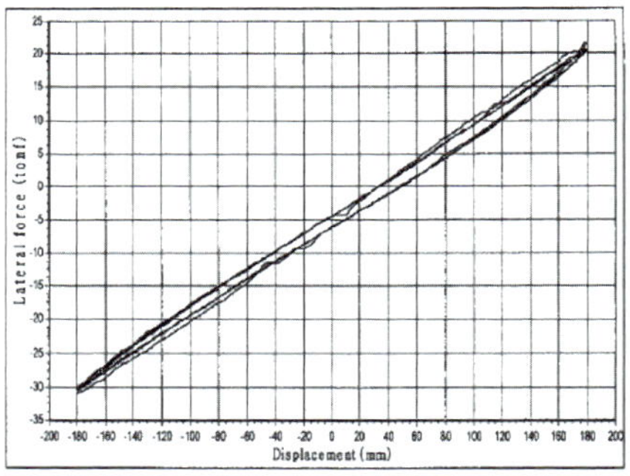

Description	Symbol	Test Value					
		cycle #1	cycle #2	cycle #3			
Shear strain	tan r	1.00	1.00	1.00			
	+tan r	-1.00	-1.00	-1.00			
Horizontal displacement (mm)	+ Vmax,x	180.08	180.08	180.08			
	- Vmax,x	-180.08	-180.08	-180.08			
Horizontal Force (tonf)	+ Fmax,x	21.80	20.70	20.46			
	- Fmax,x	-31.02	-30.47	-30.53			
Area of histerisis curve (ton.mm)	A'	1699.00	1629.08	1063.16			
Average effective stiffness (tonf/mm)	Ki	0.147	0.142	0.142			
Damping (%)	Bi	5.686	5.628	3.686			

LRB 성능검사

Customer		Dimension	90.00(Φ) • 45.35cm(T)	Date	2014-11-19
Product		Tester	압축기본강성	Lot. No.	LRB-900-02

Vertical Stiffness Test

Pretesting load speed : 739,400 kgf/cm²/min
Testing Temperature : ℃ Testing speed : 0.01 cycle/sec
Size of specimen : 90.00(Φ) • 45.35cm(T)
Nominal thickness of an elastomer layer : 5.5 mm
Total initial thickness of elastomer (To) : 181.5 mm
Maximum vertical load : 964.3 ton
Reserved cycle number of test specimens : each 3cycle of loading between P1 and P2

Description	Symbol	Vertical test						Remarks
		1 (first)		2 (second)		3 (third)		
Cycle no.	-	load	deform.	load	deform.	load	deform.	
Unit	-	kgf	mm	kgf	mm	kgf	mm	
Vertical Value	Pmax							Pa=1.30•Pdes Pb=0.70•Pdes
	Pa	964,295	3.22	962,986	3.24	962,986	3.25	
	Pb	512,691	2.37	512,691	2.38	512,254	2.38	
Vertical stiffness (kgf/mm)	Kvi	526,561		519,488		521,829		(Pa-Pb)/(Da-Db)
Average vertical stiff. (kgf/mm)	Kv	522,626						(Kv1+Kv2+Kv3)/3
Inspection of isolation edge	-							-

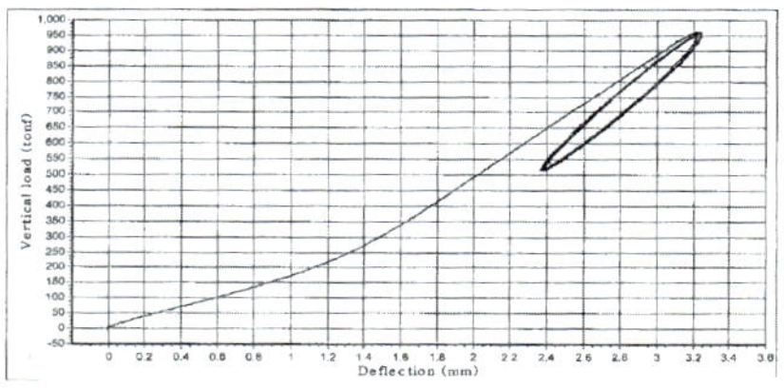

Customer		Dimension	90.00(Φ) • 45.35cm(T)	Date	2014-11-19
Product		Tester	전단기본강성	Lot. No.	LRB-900-02

Horizontal Test

Testing Speed : 0.00 cycle/sec
Testing Temperature : ℃
Size of specimen : 90.00(Φ) • 45.35cm(T)
Reserved cycle number of test specimens : each 3cycle at specified displacement
Total initial thickness of elastomer layer : 181.5 mm
Vertical load : 739.4 ton
Shear strain : tan r = 1.00
Yield force (Fy) :

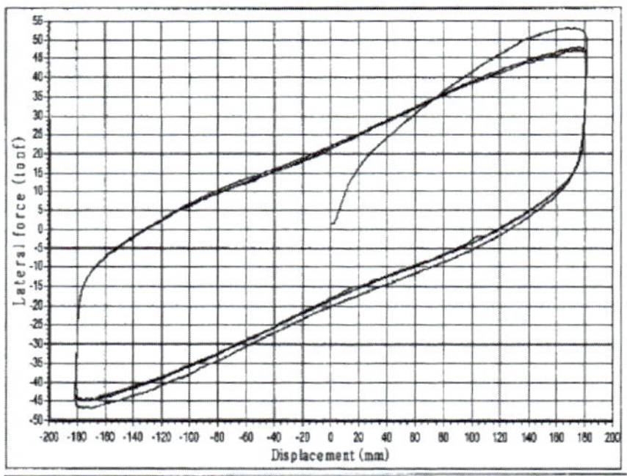

Description	Symbol	Test Value					
		cycle #1	cycle #2	cycle #3			
Shear strain	- tan r	1.00	1.00	1.00			
	+tan r	-1.00	-1.00	-1.00			
Horizontal displacement (mm)	+ Vmax,x	181.54	181.66	181.66			
	- Vmax,x	-181.54	-181.54	-181.54			
Horizontal Force (tonf)	+ Fmax,x	53.06	48.00	47.20			
	- Fmax,x	-46.84	-45.07	-44.64			
Area of histerisis curve (ton.mm)	A'	17671.71	14478.42	16071.99			
Average effective stiffness (tonf/mm)	Ki	0.275	0.254	0.253			
Damping (%)	Bi	31.017	27.252	30.653			

그림 3.10.8 장치별 성능검사

3.10.5 면진장치의 시공과정

(a) 하부 페데스탈 철근 배근

(b) 하부 베이스플레이트 설치

(c) 거푸집 설치

(d) 페데스탈 무수축몰탈 타설

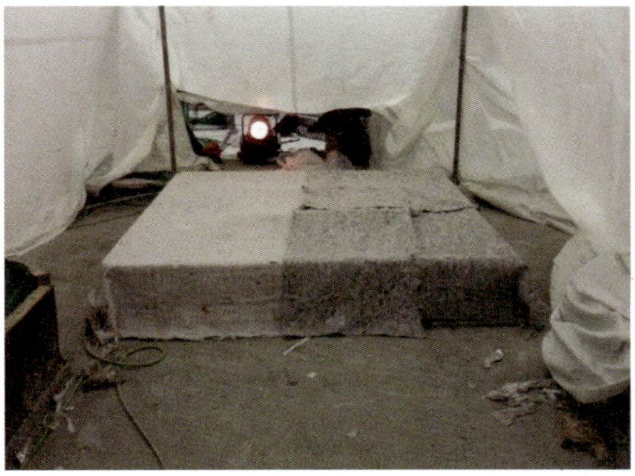

(e) 페데스탈 보양

(f) 거푸집 탈형 후 면처리

(g) 면진장치 인양

(h) 면진장치 설치

(i) 면진장치 볼트 체결

(j) 볼트 토크치 검사

(k) 상부 페데스탈 철근 배근

(l) 슬래브 시공

그림 3.10.9 면진장치 시공

3.11 kt 목동지사 데이터센터

kt 목동 데이터센터는 지상 2층과 3층 사이에 중간층면진을 적용한 데이터센터로, 지진발생 시에도 전산장비 등을 보호하고자 하는 목적으로 적용되었으며, PC조와의 체결로 공기를 단축하였다.

3.11.1 건축개요

그림 3.11.1 전경

표 3.11.1 개요

건축용도	데이터센터
규모	지하 2층 / 지상 12층
연면적	50,288.28m^2
상부구조종별	철근콘크리트(PC)조, 중간층면진
위치	서울시 양천구 목동
준공년도 (시공기간)	2016
면진장치 종류	NRB, LRB, DIRB / 84set

발주업체	KT	시공업체	(주)케이티엔지니어링
건축설계	(주)한기엔지니어링건축사사무소	구조설계	(주)연우건축구조기술사사무소
면진설계	동일고무벨트(주)	면진장치 제조 및 공사	동일고무벨트(주)
면진설계 전문가검토	(사)한국면진제진협회	내진성능평가 전문가검토	(사)한국전산구조공학회

3.11.2 건축계획

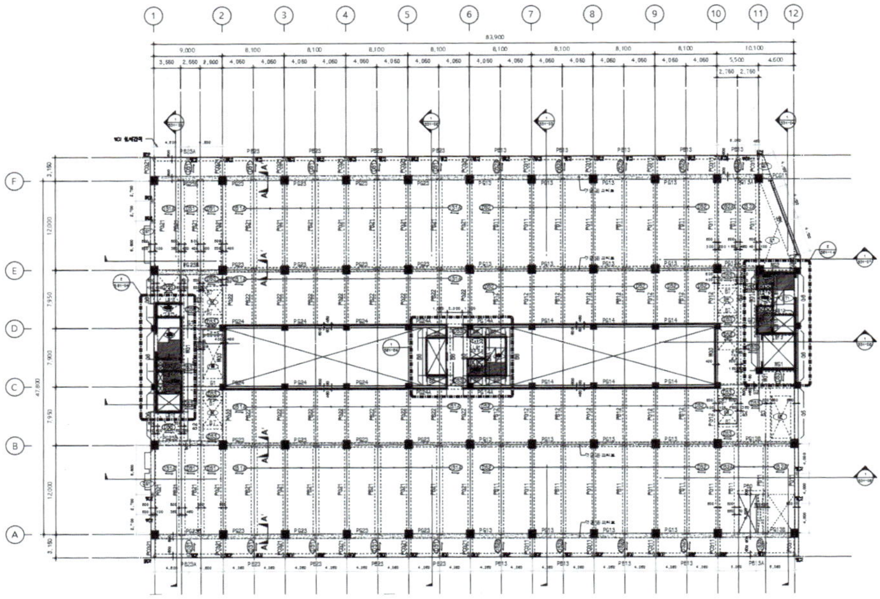

그림 3.11.2 평면도

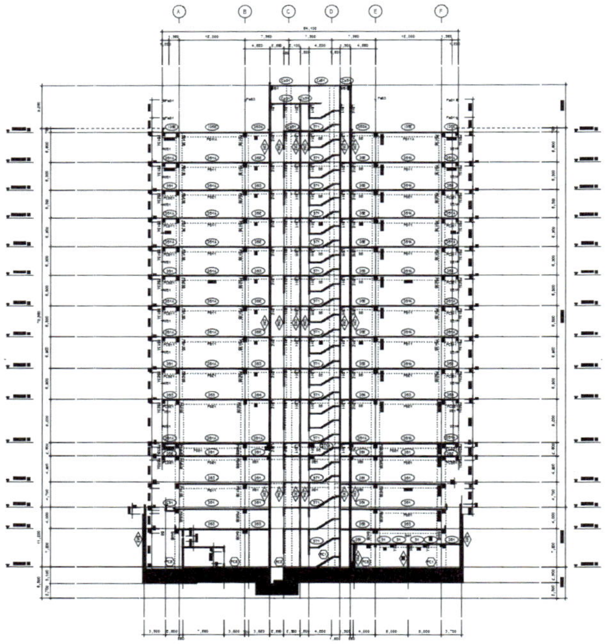

그림 3.11.3 단면도

3.11.3 면진구조계획

▌면진구조 성능목표

표 3.11.2 성능목표

항목	목표	
설계지진력	Level 1	Level 2
	2400년 재현주기 지진의 2/3 수준 (DBE Level)	2400년 재현주기 지진 수준 (MCE Level)
강성중심/질량중심 편심율	비틀림에 의한 영향을 최소화하기 위해 편심거리는 1,000mm 이하, 편심율은 3.0% 이하를 만족함.	
풍하중에 대한 안전성	풍하중에 대한 면진층 층간변형각은 0.054~0.328%으로 면진장치가 탄성상태를 유지함.	
면진층 허용변위	면진층의 최대변위는 227.0mm로 면진장치의 허용변위 350mm를 만족함.	
면진상부층 층간변위비	Level 2 : 면진상부층의 층간변위는 0.150~0.301%로 즉시거주 수준의 허용층간변위비 0.5%를 만족함. Level 3 : 면진상부층의 층간변위는 0.248~0.674%로 특등급 수준의 허용층간변위비 1.0%를 만족함.	
면진상부층 허용가속도	데이터센터의 내부 전산설비 등의 정상작동을 위하여 면진상부층의 최대가속도는 177.2cm/s^{2}으로 허용가속도인 200cm/s^{2}을 만족함.	
전도에 대한 안정성	전도모멘트는 저항모멘트의 2.51~6.00%로 안정성을 만족함.	
면진장치 허용력	면진장치의 허용압축력 및 허용인발력을 만족함.	
면진층, 상/하부 구조물	면진층의 수평강성은 지진에너지의 대부분을 흡수하여 층간변위가 면진층에 집중되도록 설정함. 구조부재의 소성화로 인한 손상을 막기 위해 상하부 구조물은 탄성거동 하도록 계획함.	

▌면진구조 설계특징

철근콘크리트구조(PC)에 적용한 면진건축물

▌ 면진장치 종류 및 성능

NRB (Natural Rubber Bearing) 고무의 탄성거동에 의한 복원효과	LRB (Lead Rubber Bearing) 납봉의 이력거동에 의한 감쇠효과	DIRB (Dongil Isolation Roller Bearing) 수평강성이 거의 없어 대변형 확보가 용이하여 효과증대
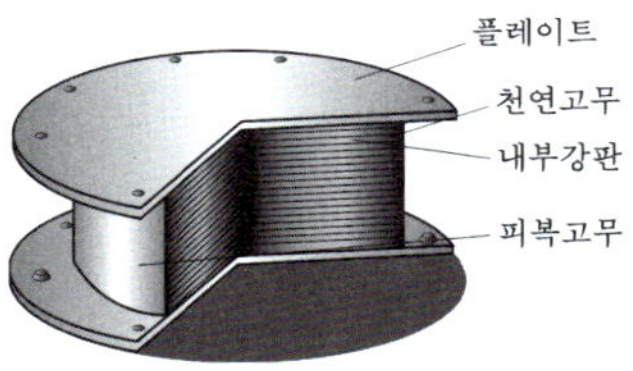	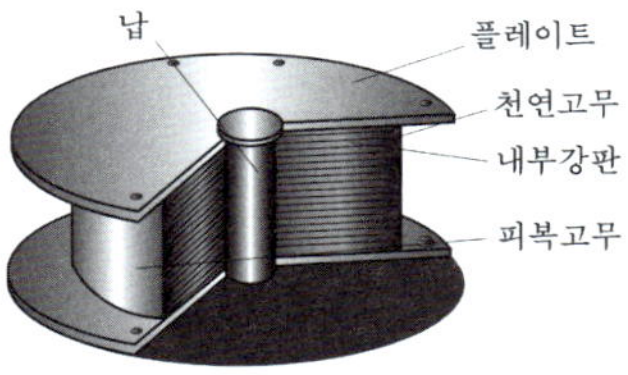	
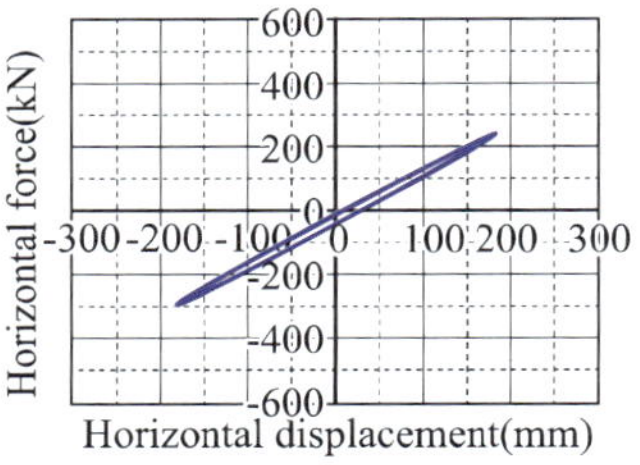	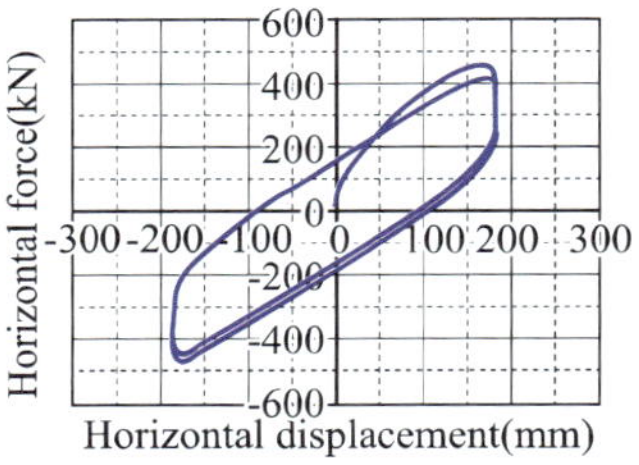	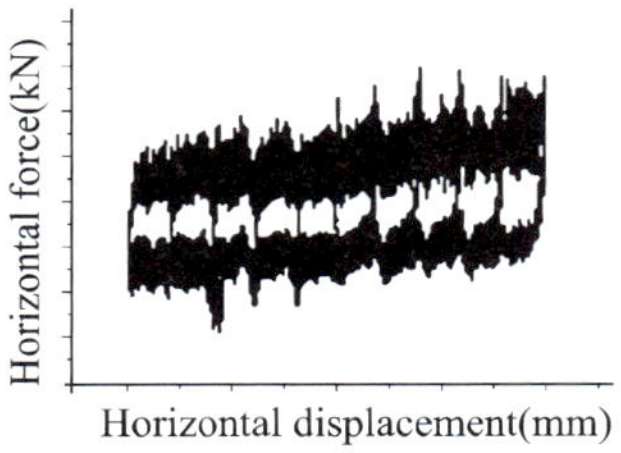
(a) NRB	(b) LRB	(c) DIRB

그림 3.11.4 면진장치

▌ 면진 해석프로그램

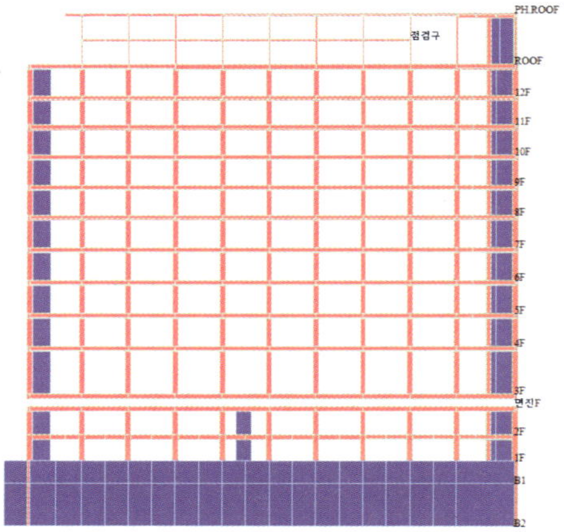

<면진해석 모델 정면>

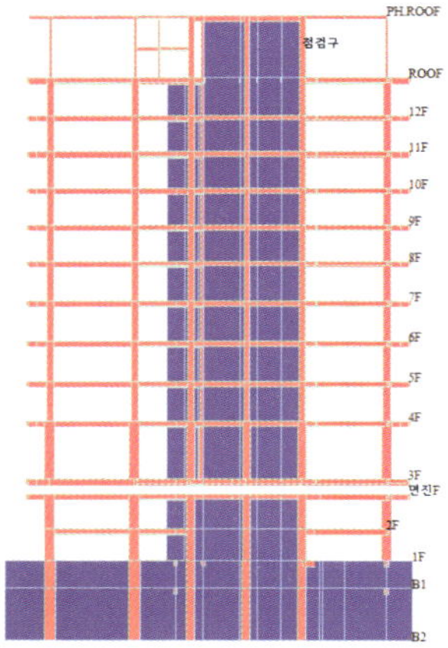

<면진해석 모델 측면>

그림 3.11.5 MIDAS GEN (경계비선형해석 수행)

면진장치 배치도

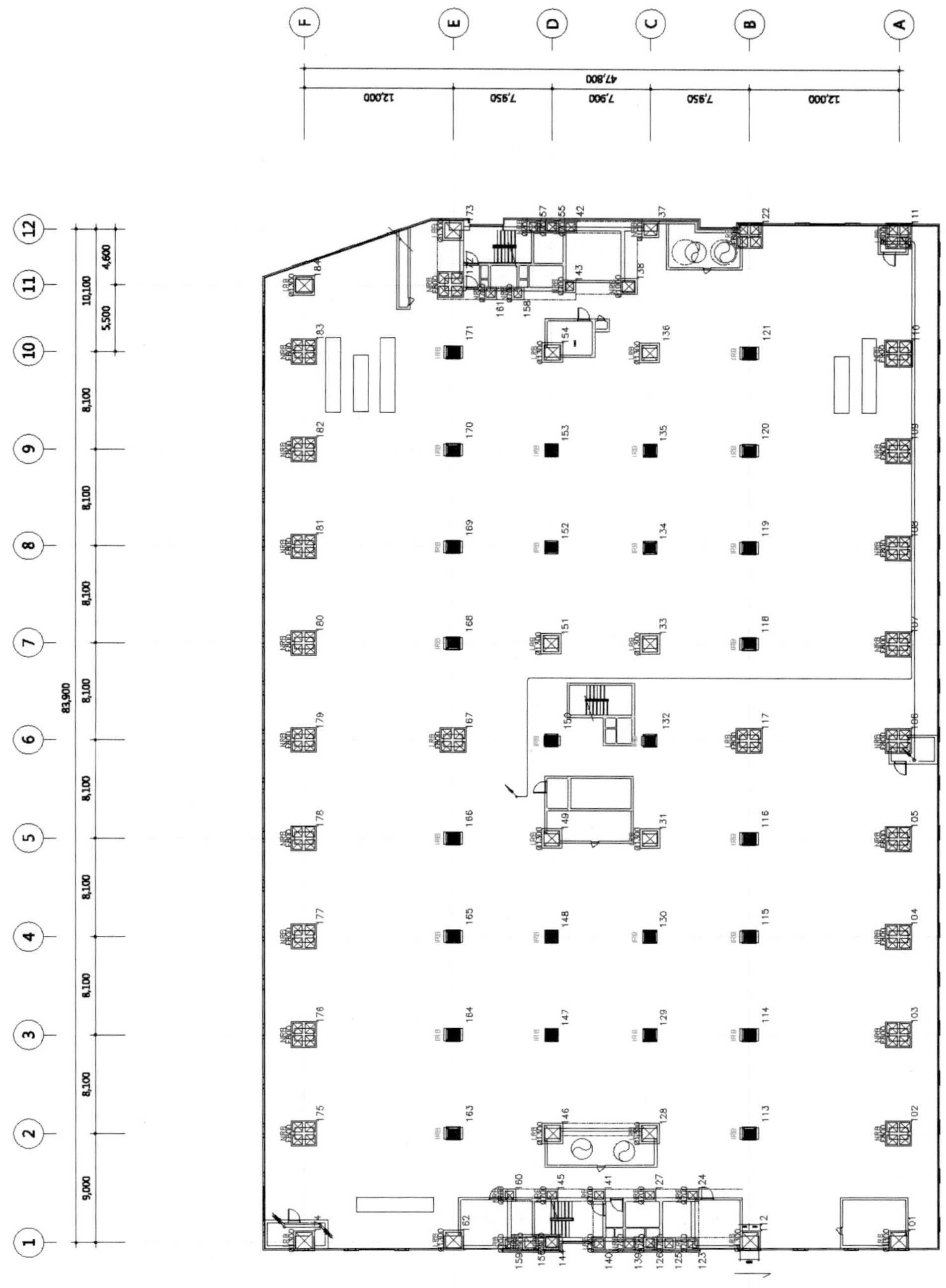

그림 3.11.6 장치배치도

3.11.4 면진구조 응답해석 및 결과

▌입력 지진동

표 3.11.3 가속도 응답스펙트럼

<table>
<tr><td>Case 1
(DBE Level)
2400년 재현주기
지진의 2/3 수준</td><td>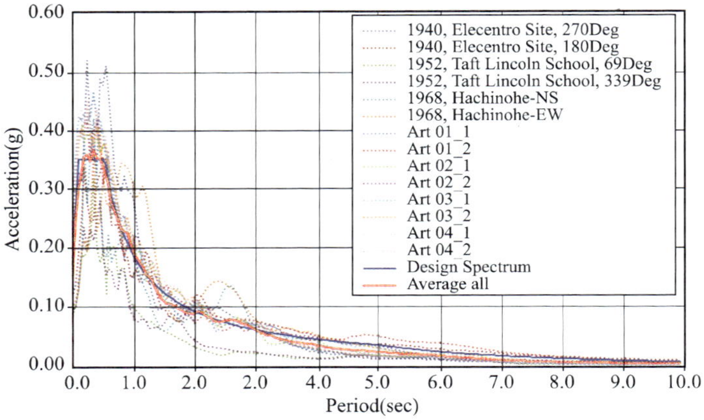
</td></tr>
<tr><td>Case 2
(MCE Level)
2400년 재현주기
지진 수준</td><td>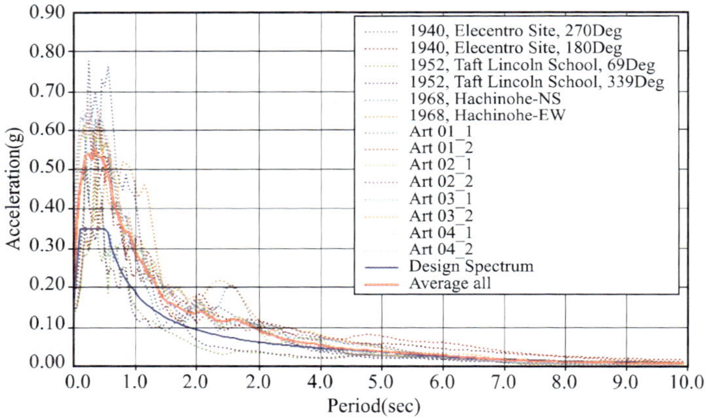
</td></tr>
<tr><td>Case 3
(M7.0 Level)</td><td>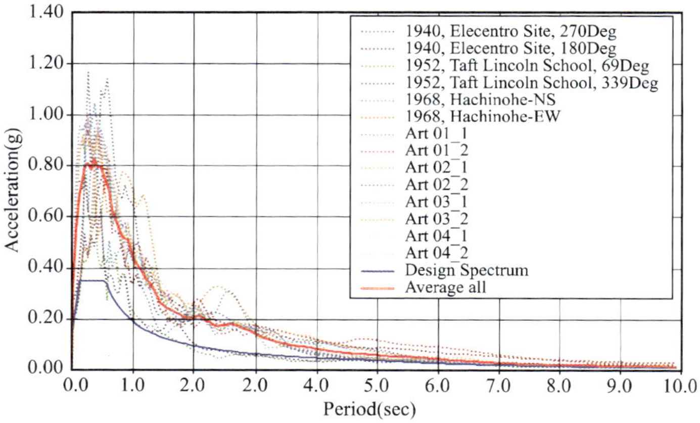
</td></tr>
</table>

▌구조물 이력모델

표 3.11.4 장치별 이력모델

Case 1 (DBE Level)	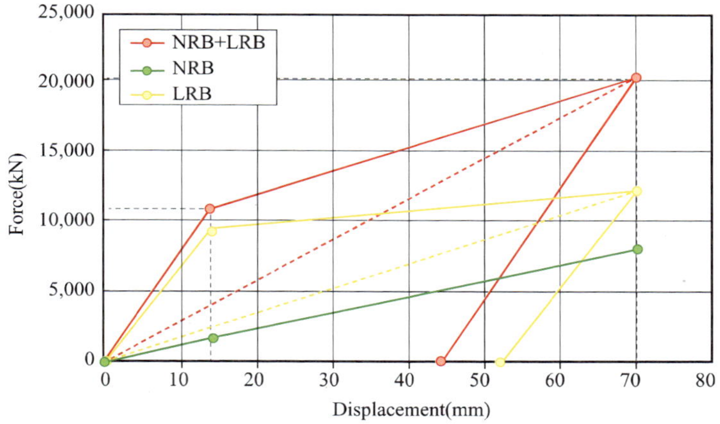
Case 2 (MCE Level)	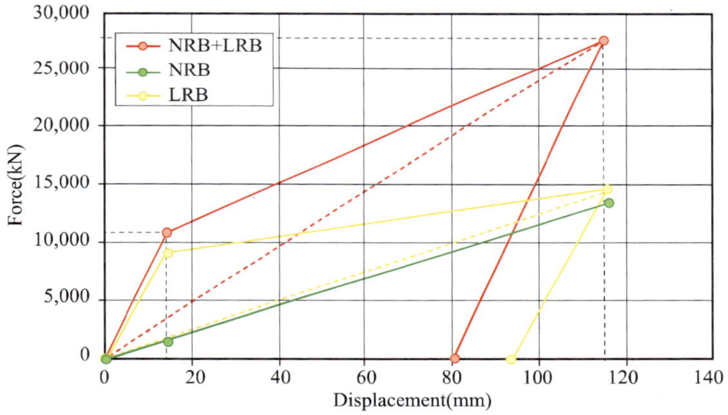

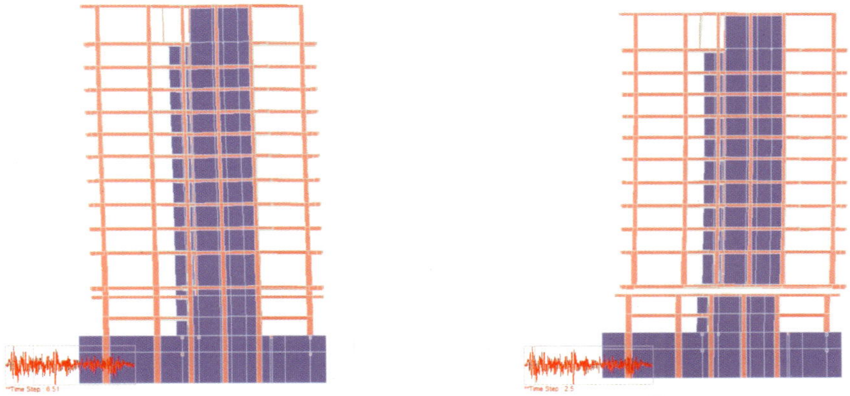

내진구조물 면진구조물

그림 3.11.7 내진 및 면진구조물 비교

면진층 편심검토

표 3.11.5 지진 수준별 편심 현황

Case 1 (DBE Level)	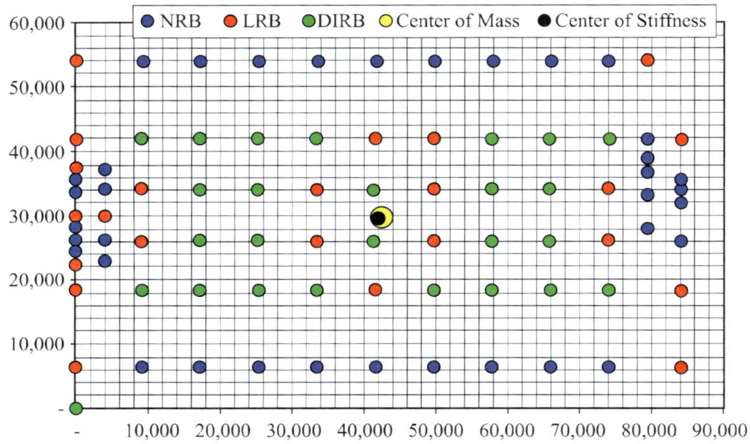
Case 2 (MCE Level)	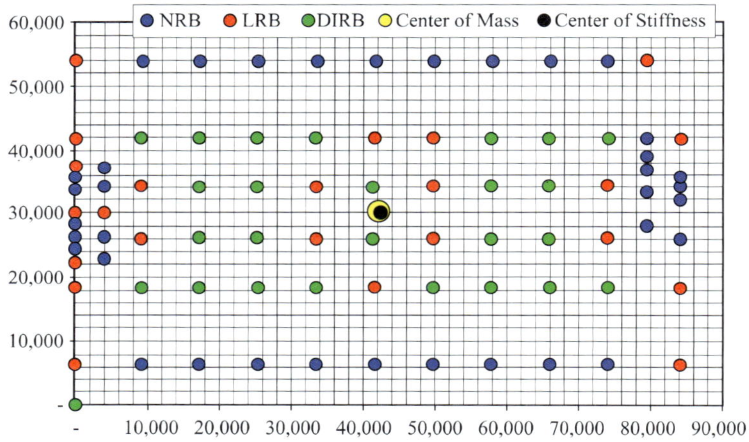
Case 3 (M7.0 Level)	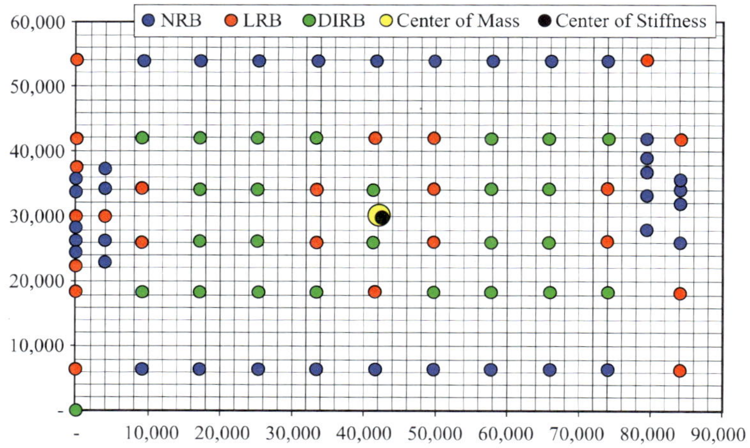

시간이력 지진응답해석 결과

표 3.11.6 지진응답(내진vs면진)

	X방향	Y방향
응답변위	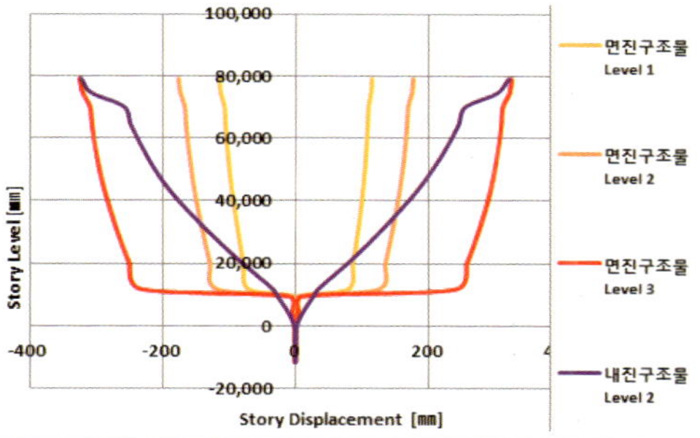	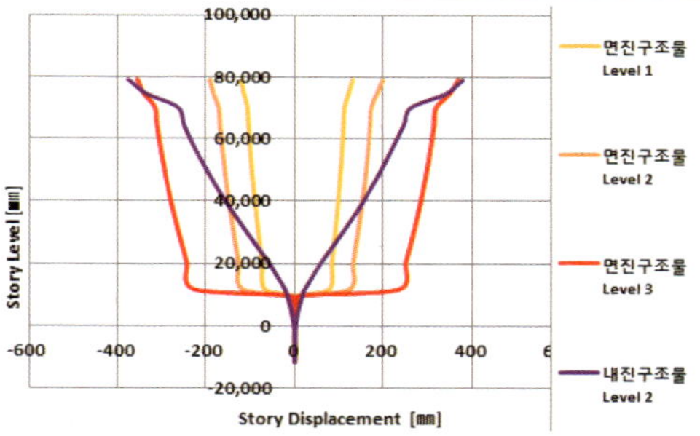
층간변형률	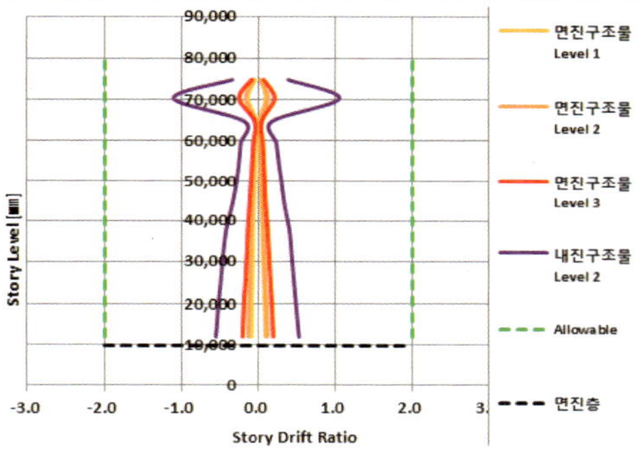	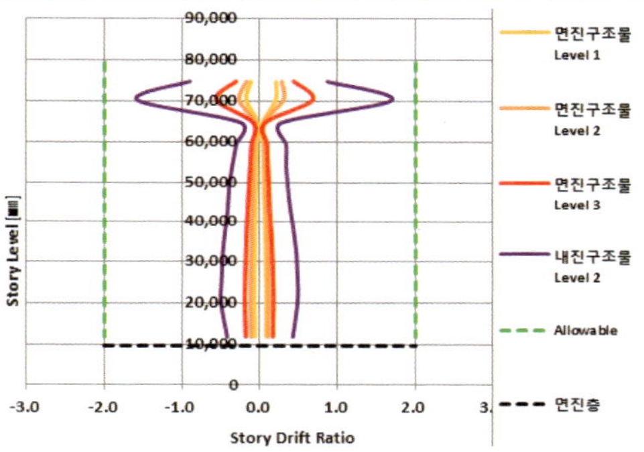
가속도	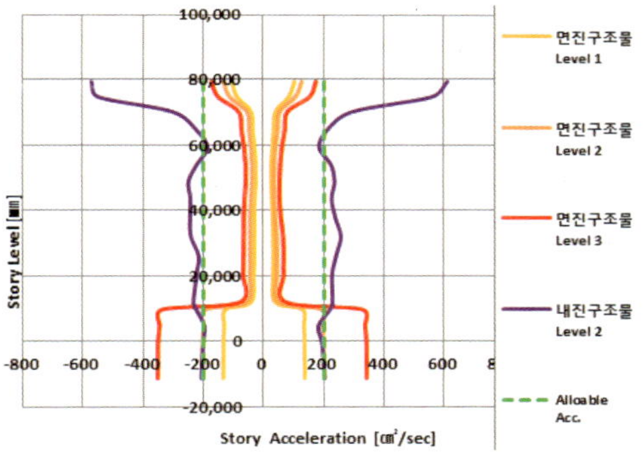	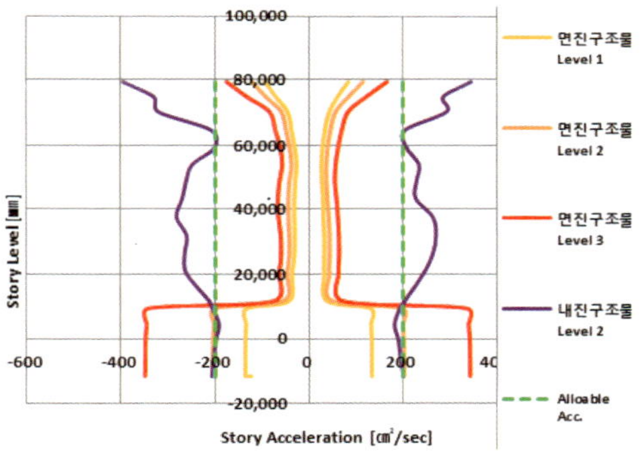
전단력	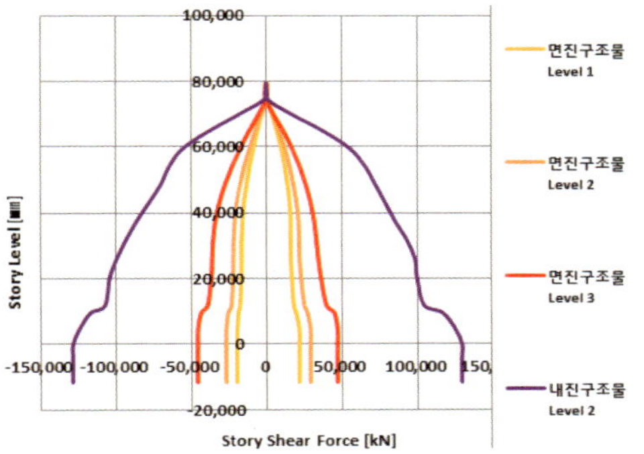	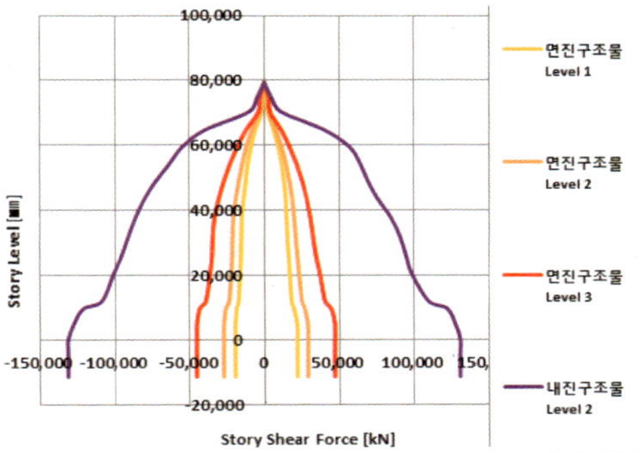

표 3.11.7 면진구조물의 Level 3(규모 7.0 수준)의 지진별 응답

	X방향	Y방향
응답변위	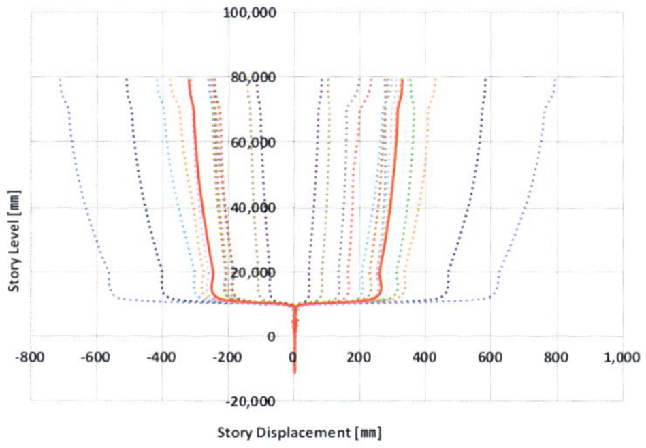	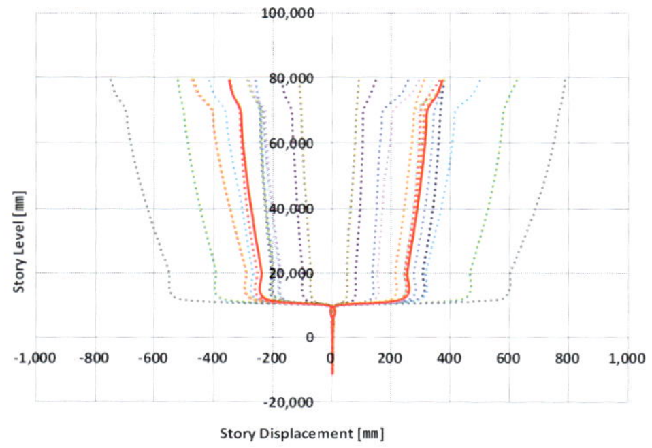
층간변형률	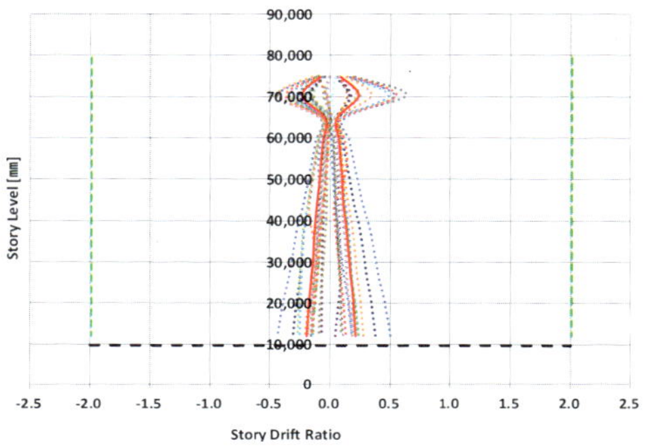	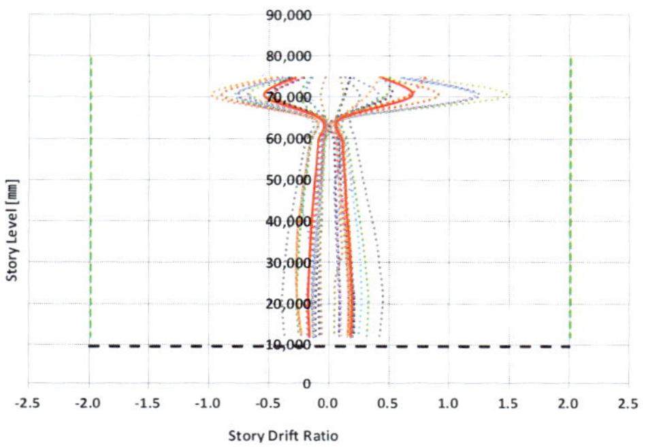
가속도	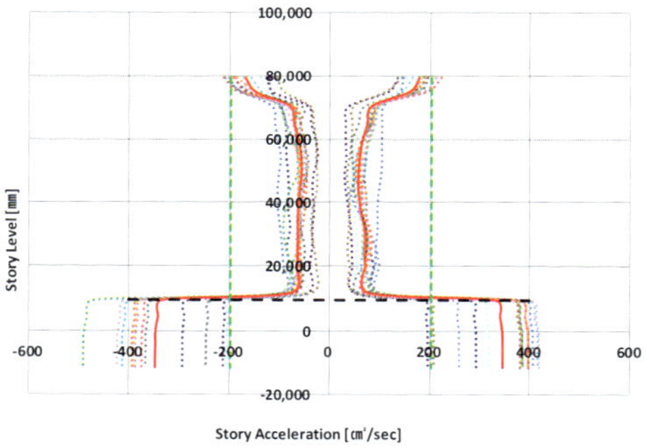	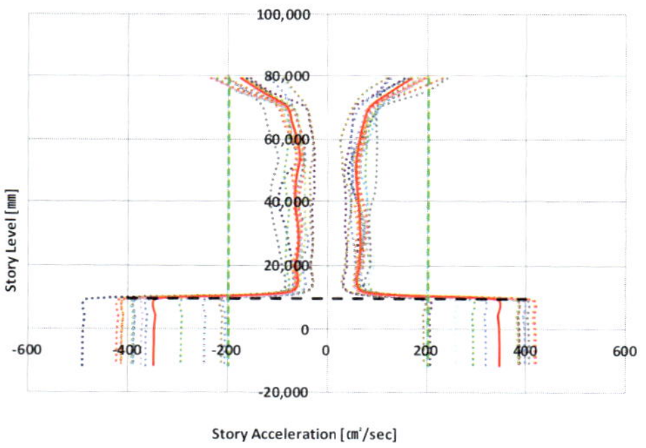
전단력	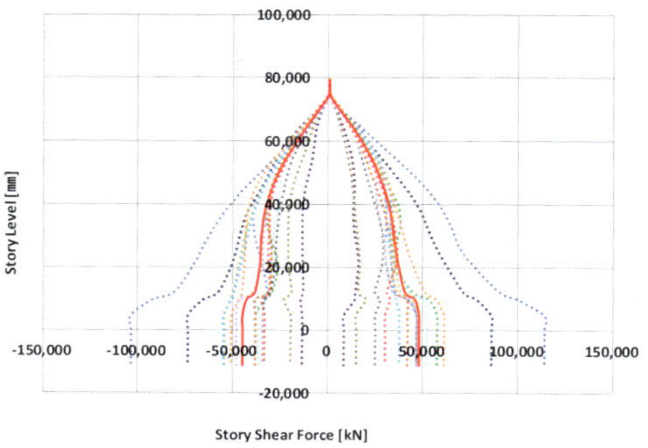	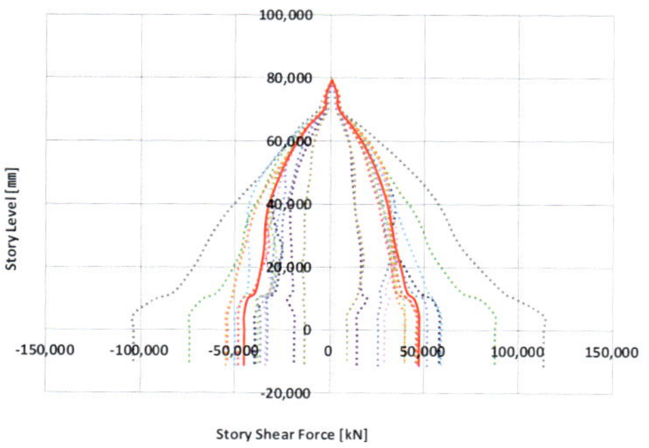

▌면진장치 성능검사

NRB 성능검사

Customer		Dimension	70.00(Φ) * 27.28cm(T)	Date	2015-09-02
Product		Tester		Lot. No.	NRB150805

Vertical Stiffness Test

Pretesting load speed : 461.500 kgf/cm²/min
Testing Temperature : ℃ Testing speed : 0.01 cycle/sec
Size of specimen : 70.00(Φ) * 32.88cm(T)
Nominal thickness of an elastomer layer : 5.6 mm
Total initial thickness of elastomer (To) : 140.0 mm
Maximum vertical load : 603.4 ton
Reserved cycle number of test specimens : each 3cycle of loading between P1 and P2

Description	Symbol	Vertical test						Remarks
		1 (first)		2 (second)		3 (third)		
Cycle no.	-	load	deform.	load	deform.	load	deform.	
Unit	-	kgf	mm	kgf	mm	kgf	mm	
Vertical Value	Pmax							Pa=0.70*Pdes Pb=1.30*Pdes
	Pa	603,448	3.24	602,139	3.27	601,703	3.29	
	Pb	318,523	2.30	318,959	2.33	318,523	2.34	
Vertical stiffness (kgf/mm)	Kvi	300,170		301,237		299,294		(Pa-Pb)/(Da-Db)
Average vertical stiff. (kgf/mm)	Kv	300,234						(Kv1+Kv2+Kv3)/3
Inspection of isolation edge	-							-

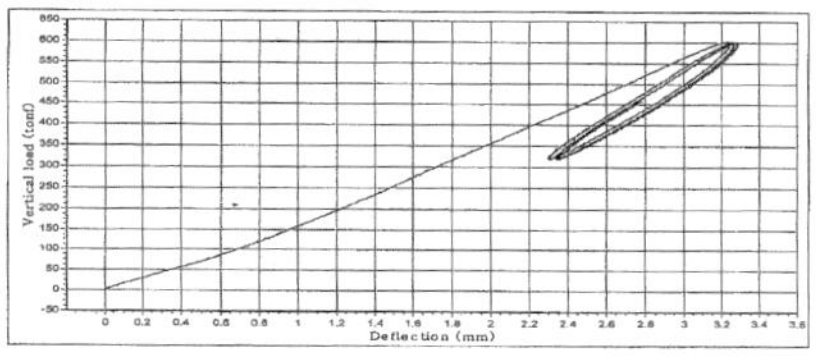

Remarks :

Customer		Dimension	90.00(Φ) * 41.60cm(T)	Date	2014-11-19
Product		Tester	전단기본강성	Lot. No.	NRB-900-03

Horizontal Test

Testing Speed : 0.00 cycle/sec
Testing Temperature : ℃
Size of specimen : 90.00(Φ) * 41.60cm(T)
Reserved cycle number of test specimens : each 3cycle at specified displacement
Total initial thickness of elastomer layer : 180.0 mm
Vertical load : 763.1 ton
Shear strain : tan r = 1.00
Yield force (Fy) :

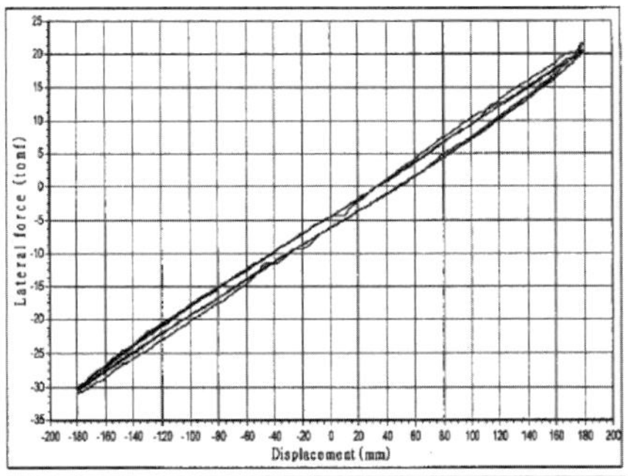

Description	Symbol	Test Value					
		cycle #1	cycle #2	cycle #3			
Shear strain	- tan r	1.00	1.00	1.00			
	+tan r	-1.00	-1.00	-1.00			
Horizontal displacement (mm)	+ Vmax,x	180.08	180.08	180.08			
	- Vmax,x	-180.08	-180.08	-180.08			
Horizontal Force (tonf)	+ Fmax,x	21.80	20.70	20.46			
	- Fmax,x	-31.02	-30.47	-30.53			
Area of histerisis curve (ton.mm)	A'	1699.00	1629.08	1063.16			
Average effective stiffness (tonf/mm)	Ki	0.147	0.142	0.142			
Damping (%)	Bi	5.686	5.628	3.686			

LRB 성능검사

Customer		Dimension	70.00(Φ) * 29.15cm(T)	Date	2015-12-18
Product		Tester		Lot. No.	LRB151002

Vertical Stiffness Test

Pretesting load speed : 456,000 kgf/cm²/min
Testing Temperature : ℃ Testing speed : 0.01 cycle/sec
Size of specimen : 70.00(Φ) * 34.75cm(T)
Nominal thickness of an elastomer layer : 5.6 mm
Total initial thickness of elastomer (To) : 173.6 mm
Maximum vertical load : 593.8 ton
Reserved cycle number of test specimens : each 3cycle of loading between P1 and P2

Description	Symbol	Vertical test						Remarks
		1 (first)		2 (second)		3 (third)		
Cycle no.	-	load	deform.	load	deform.	load	deform.	
Unit	-	kgf	mm	kgf	mm	kgf	mm	
Vertical Value	Pmax							Pa=1.30*Pdes Pb=0.70*Pdes
	Pa	593,849	2.41	593,412	2.42	593,412	2.44	
	Pb	315,468	1.72	315,905	1.75	315,468	1.76	
Vertical stiffness (kgf/mm)	Kvi	403,577		409,561		410,205		(Pa-Pb)/(Da-Db)
Average vertical stiff. (kgf/mm)	Kv	407,781						(Kv1+Kv2+Kv3)/3
Inspection of isolation edge	-							-

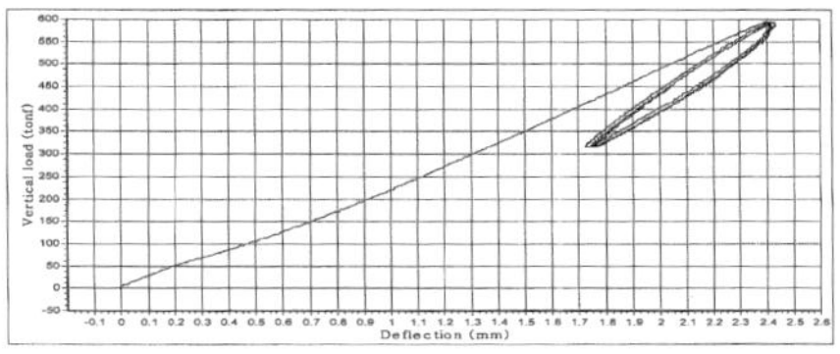

Remarks :

Customer		Dimension	90.00(Φ) * 45.35cm(T)	Date	2014-11-19
Product		Tester	전단기본강성	Lot. No.	LRB-900-02

Horizontal Test

Testing Speed : 0.00 cycle/sec
Testing Temperature : ℃
Size of specimen : 90.00(Φ) * 45.35cm(T)
Reserved cycle number of test specimens : each 3cycle at specified displacement
Total initial thickness of elastomer layer : 181.5 mm
Vertical load : 739.4 ton
Shear strain : tan r = 1.00
Yield force (Fy) :

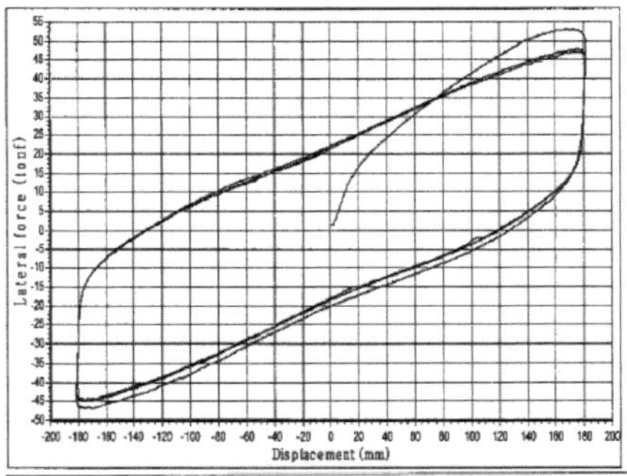

Description	Symbol	Test Value					
		cycle #1	cycle #2	cycle #3			
Shear strain	- tan r	1.00	1.00	1.00			
	+tan r	-1.00	-1.00	-1.00			
Horizontal displacement (mm)	+ Vmax,x	181.54	181.66	181.66			
	- Vmax,x	-181.54	-181.54	-181.54			
Horizontal Force (tonf)	+ Fmax,x	53.06	48.00	47.20			
	- Fmax,x	-46.84	-45.07	-44.64			
Area of histerisis curve (ton.mm)	A'	17671.71	14478.42	18071.99			
Average effective stiffness (tonf/mm)	Ki	0.275	0.256	0.253			
Damping (%)	Bi	31.017	27.252	30.653			

그림 3.11.8 장치별 성능검사

3.11.5 면진장치의 시공과정

(a) 하부 페데스탈 철근 배근

(b) 하부 베이스플레이트 설치

(c) 거푸집 설치

(d) 페데스탈 무수축몰탈 타설

(e) 장치 설치

(f) 장치 설치 및 토크치 검사

(g) 상부 페데스탈(PC조) 설치

(h) 상부구조물(PC)과 체결

그림 3.11.9 면진장치 시공

3.12 BNK금융그룹 IT센터

BNK금융그룹 IT센터는 전산동 하부에 기초면진을 적용한 면진구조물로, 면진층은 NRB와 LRB의 조합으로 이루어져 있다. 지진발생 시에도 전산장비 등을 보호하고자 하는 목적으로 적용되었다.

3.12.1 건축개요

그림 3.12.1 전경

표 3.12.1 개요

건축용도	데이터센터
규모	지상 5층, 면진PIT층
건축면적 (연면적)	17,688.94m^2
상부구조종별	철근콘크리트조, 기초면진
위치	부산광역시 강서구 구랑동 미음지구
준공년도 (시공기간)	2015.05~2017.07
면진장치 종류	NRB900-30ea, NRB1000-5ea, LRB900-160-21ea, LRB900-180-12ea

발주처	BNK부산은행	면진장치 제조	동일고무벨트(주) 유니슨HKR(LRB)
건축설계	(주)간삼건축	제진장치 제조	-
구조설계	(주)간삼건축	시공	롯데건설
면진설계	(주)에코닝	시공감리	정림건축

3.12.2 건축계획

평면은 전산서버실의 기능을 충실히 할 수 있도록 계획하였다.

단면계획은 전기실과 비상발전기실등의 주요핵심설비도 지진으로부터 기능유지가 가능하도록 면진층 상부인 1층과 2층에 계획하고 전산서버실은 2층 이상에 계획하였다.

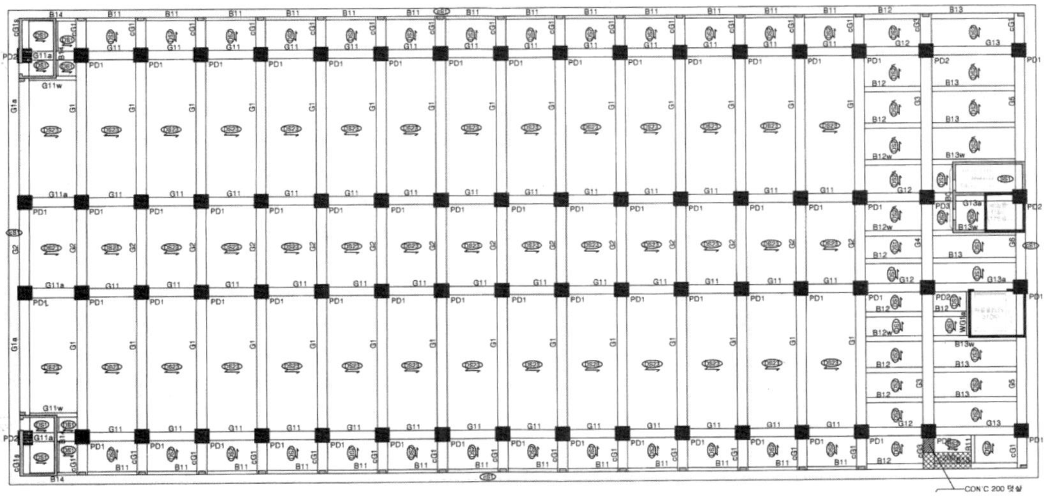

그림 3.12.2 평면도

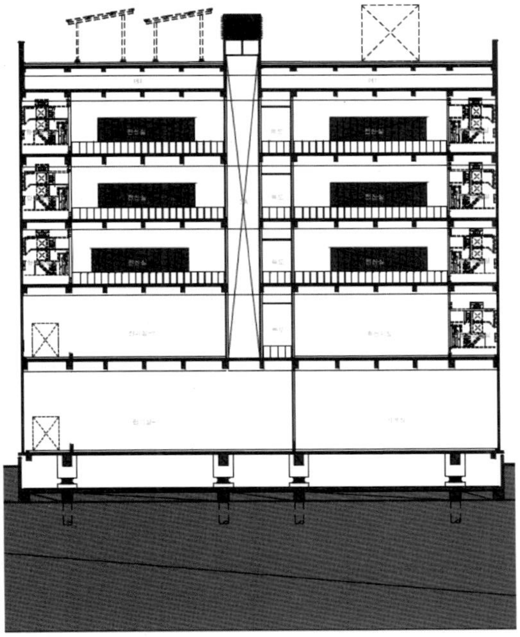

그림 3.12.3 단면도

3.12.3 면진구조계획

▌면진구조 성능목표

- 본 건물은 전산센터로 최대고려지진시에도 기능유지가 가능하도록 면진층에서 지진력 저감을 하여 바닥응답가속도가 200gal 이하가 되도록 하였다.
- 최대고려입력지진시에도 비구조부재에 대한 내진설계가 경감되도록 하여 경제성을 확보하였다.

표 3.12.2 성능목표

지진동레벨		설계용지진동 (25kine:레벨1)	최대예상지진동 (40kine:레벨2)
상부 구조	응답가속도	200gal 이하	250gal 이하
	응답층전단력	단기허용응력 이하	단기허용응력 이하
	층간변형각	1/1000 이하	1/300 이하
비구조부재		응답가속도, 층간변형각 허용치 이내	주요설비,기기 및 컴퓨터의 안정가동 허용범위 이내
면진 장치	최대수평변형	안정변형 (150% 이내)	허용변형 (250% 이내)
	인장력	인장발생않음	인장발생않음
기초		응답전단력	단기허용응력도 이내

▌면진층 평면 및 장치 배치계획

- 면진장치는 연직하중의 약 50%를 중앙의 천연고무계 면진장치가 지지하고 납봉삽입면진장치를 외곽부에 배치하여 비틀림저항성을 크게하여 편심에 저항하도록 배치하였다.
- 편심율은 자주발생할 수 있는 작은 지진시 1.2% 내외 드물게 발생하는 최대지진시에는 3% 이하로 매우 안정적으로 거동함을 확인하였다.

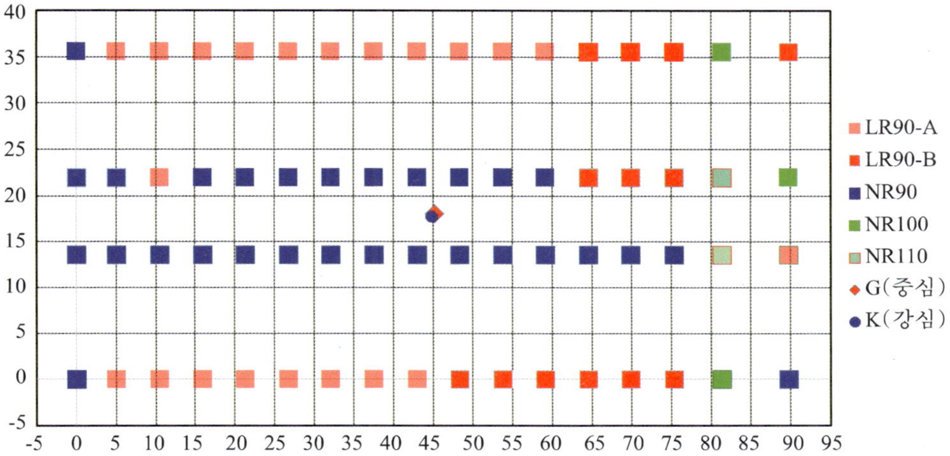

그림 3.12.4 면진장치의 배치 및 중심과 강심

- 100년 재현주기의 풍하중에 의한 전단력은 면진층의 항복전단력 8,197kN로 면진장치가 항복하는 영역이지만 변동풍속을 고려한 풍하중에 의한 잔류변형은 약 50mm정도로 예측된다.

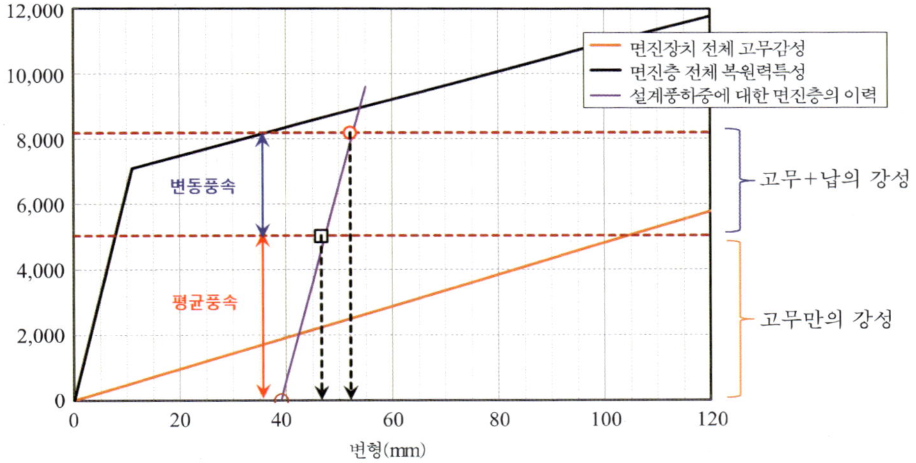

그림 3.12.5 풍하중에 의한 면진층의 안정성검토

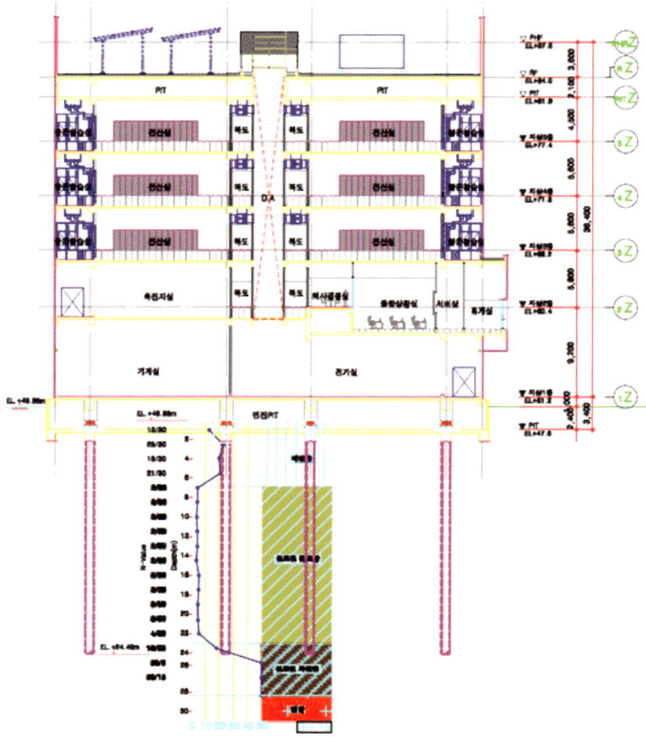

그림 3.12.6 지지기반과 지층구조

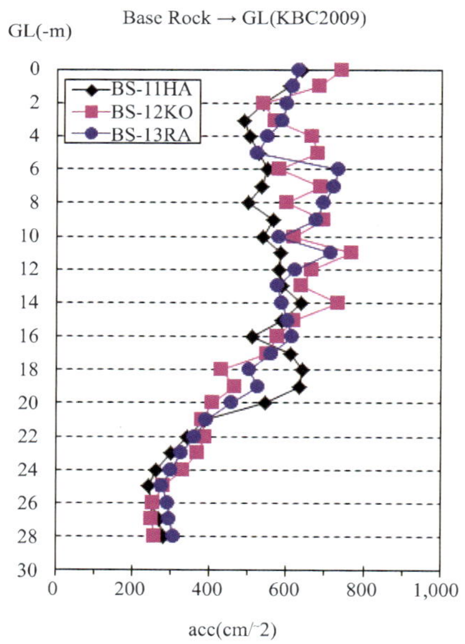

그림 3.12.7 부지응답해석에의한 지반증폭율

▌면진장치 종류 및 성능

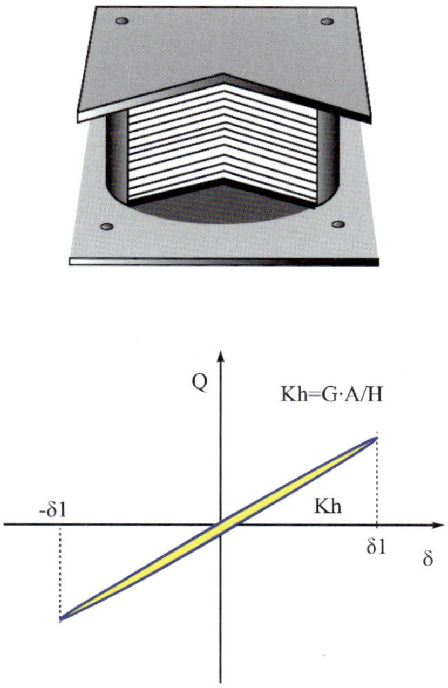

그림 3.12.8 천연고무계적층고무면진장치(NRB)

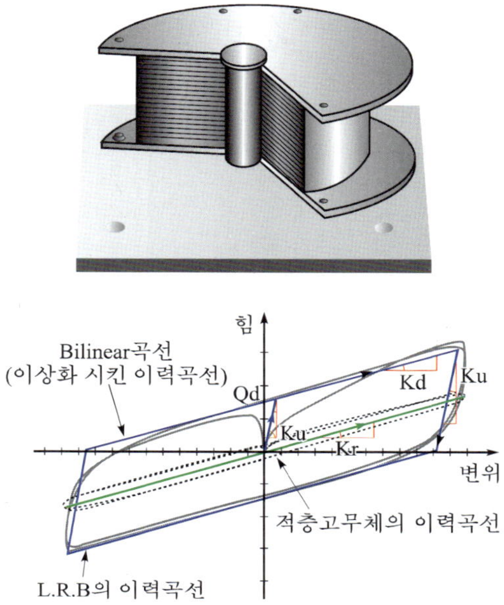

그림 3.12.9 납봉삽입적층고무면진장치(LRB)

면진장치는 2종류를 선정하여 최적배치를 하였다.

▌면진구조 설계 특징 및 유의사항

- 기능유지 성능요구로 최대고려 지진동을 진도9로 하고 설계지진동을 설정하였다.
- 연약지반에 의한 자유장 부지응답해석을 수행하여 설계지진동을 작성하였다.
- 비구조부재의 설계는 상부구조의 응답가속도를 적용하여 설계하여 경제성을 확보할 수 있도록 하였다.

3.12.4 면진구조 응답해석 및 결과

다음은 설계지진동 입력시 지진응답해석 결과이다.

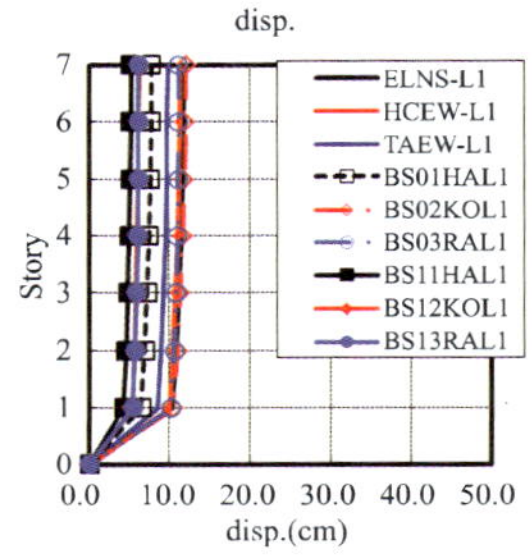

(a) 최대응답변위

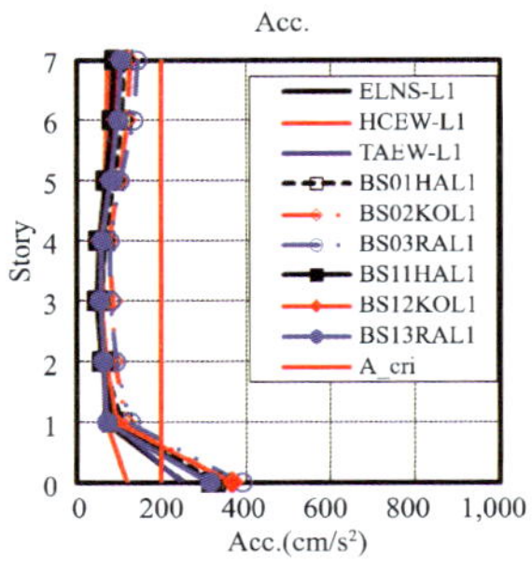

(b) 최대응답가속도

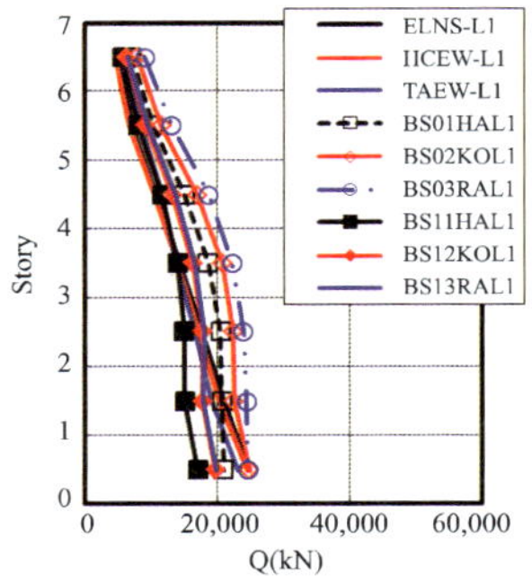

(c) 최대응답전단력

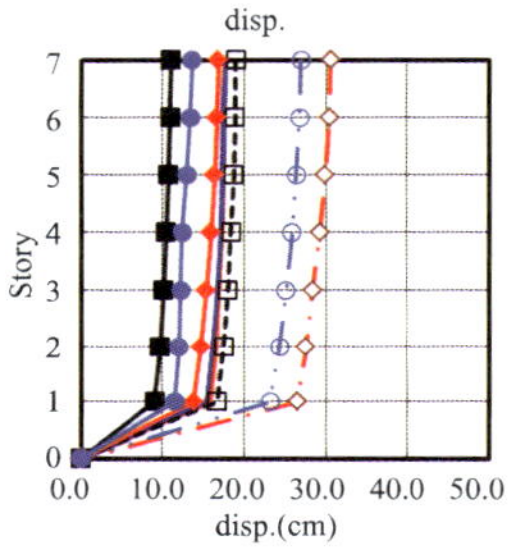

(d) 최대응답변위

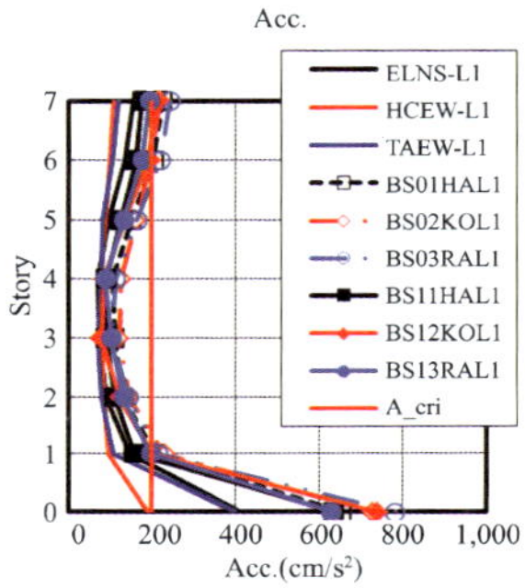

(e) 최대응답가속도

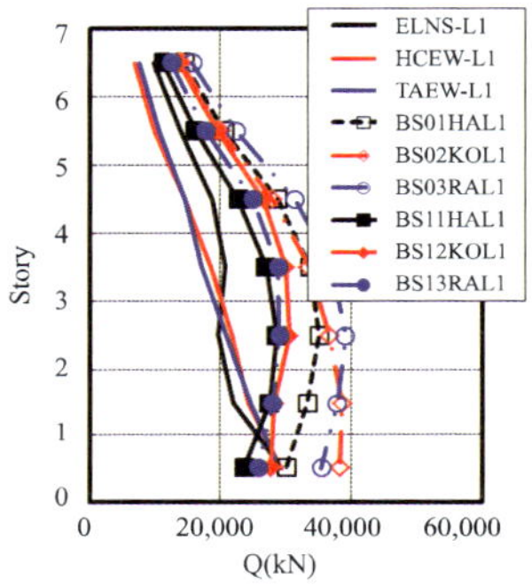

(f) 최대응답전단력

그림 3.12.10 응답해석 결과

3.12.5 면진층의 최대응답과 면진장치의 안전여유도 확인

면진장치의 한계성능과 지진시 최대응답 및 축력에 의한 면압으로 각 면진장치의 안전여유도를 확인하였다.

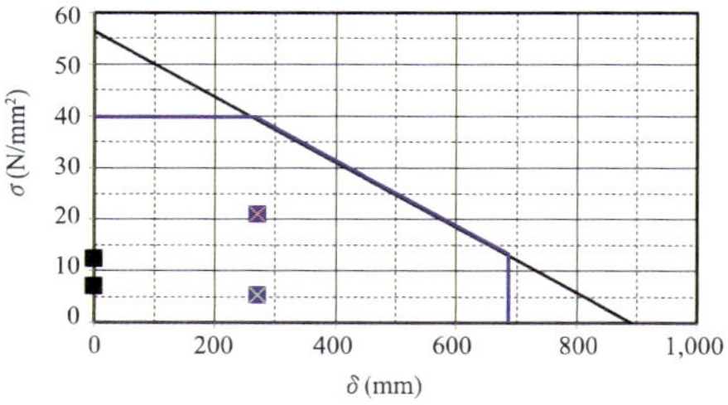

(a)

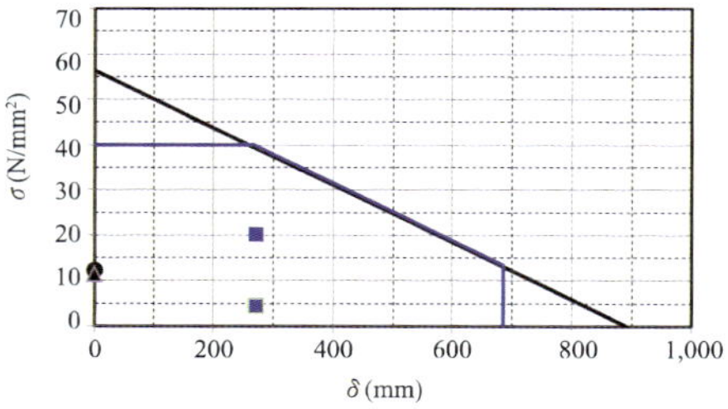

(b)

그림 3.12.11 NRB900의 한계성능과 지진시안전여유도

3.12.6 면진장치의 시공과정

(a) 앵커 철근 설치 후 슬래브타설

(b) 하부 페데스탈 철근 배근 및 높이조절

(c) 하부 베이스플레이트 및 거푸집 설치

(d) 페데스탈 무수축몰탈 타설

(e) 양생

(f) 면진장치 설치

(g) 베이스플레이트 수평확인

(h) 거푸집 탈형

(i) 하부페데스탈 정리

(j) 면진장치 인양

(k) 면진장치 설치 후 토크치 검사

(l) 면진장치 설치 완료

그림 3.12.12 면진장치 시공

3.13 한국산업은행 KDB Digital Square IT센터

3.13.1 건축개요

그림 3.13.1 전경

표 3.13.1 개요

건축용도	업무시설(IT센터)		
규모	지상6층(전산동), 지하3층/지상9층(사무동)		
건축면적(연면적)	57,959.10m^2		
상부구조종별	철근콘크리트조(기초면진)		
위치	경기도 하남시 미사강변한강로 177		
준공년도(시공기간)	2019.09. (2017.08. ~ 2019.09. / 25개월)		
면진장치 종류	NRB900~1300, LRB900~1300, IRB		
발주처	KDB산업은행	면진장치 제조 및 공사	동일고무벨트(주)
건축설계	(주)해안종합건축사사무소	제진장치 제조	-
구조설계	(주)신화에스디지	시공	신세계건설(주)
면진설계	(주)한국방재기술	시공감리	(주)건축사사무소 건원엔지니어링

3.13.2 면진구조계획

면진구조 성능목표

표 3.13.2 설계지진력

Level 1	Level 2	Level 3
2400년 재현주기 지진의 2/3 수준 (DE Level)	2400년 재현주기 지진 수준 (MCE Level)	2400년 재현주기 지진의 1.92배 수준 (리히터 규모 7.0)

- 강성중심/질량중심 편심율

  비틀림에 의한 영향을 최소화하기 위해 편심량은 1,000mm 이하, 편심율은 3.0% 이하로 제한함.

- 면진상부층 허용가속도

  지진하중하에서도 전산센터 기능 유지 및 내부 시설(서버 등 전산장비) 보호를 위해 바닥응답가속도를 200cm/sec^2 이하로 제한함.

표 3.13.3 면진층 허용변위

풍하중	지진하중 (목표변위)		
	Level 1	Level 2	Level 3
1.5%	50mm (적층고무두께의 28%)	100mm (적층고무두께의 56%)	300mm (적층고무두께의 167%)

표 3.13.4 축력 허용기준

압축	인장
23.52N/mm^2 이하	2.35N/mm^2 이하

※ IRB는 인장발생을 허용하지 않음.

면진층 평면 및 장치 배치계획

- 면진층 이력거동 특성 및 풍하중하에서 탄성거동을 고려하여 LRB 소요 수량을 검토하고 외곽을 중심으로 배치하여 비틀림에 효율적으로 저항할 수 있도록 계획함.
- 면진층의 목표변위를 고려하여 원활한 변형을 유도하기 위해 IRB 배치를 계획함.
- 각 목표변위별 면진층 강성을 고려하여 면진상부층 질량 중심과 편심율이 허용범위 이내가 되도록 전반적인 배치계획을 조정함.

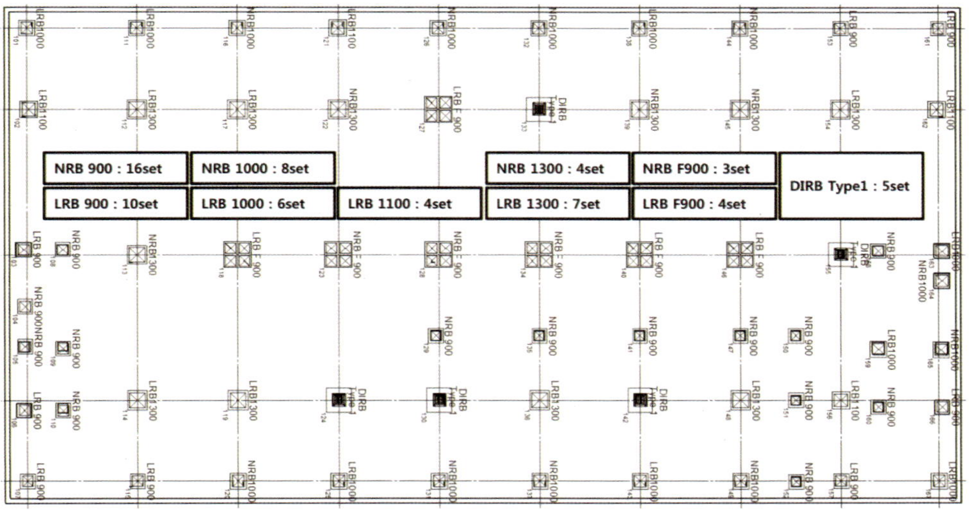

그림 3.13.2 면진층 장치배치

면진장치 종류 및 성능

NRB (Natural Rubber Bearing)	LRB(Lead Rubber Bearing)	IRB (Isolation Roller Bearing)
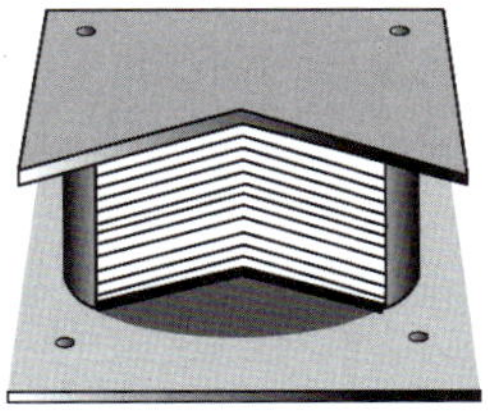	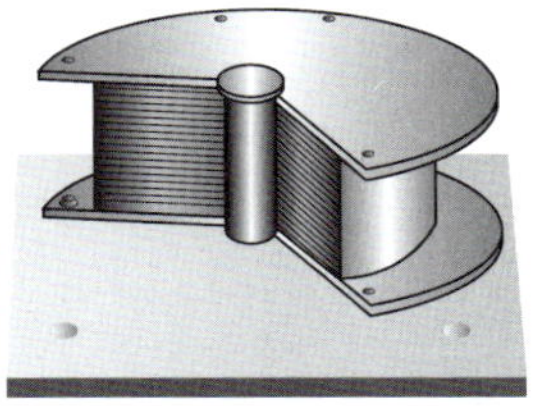	
- 낮은 수평강성을 보유하고 있어 수평하중에 유연하게 작동함. - 복원력이 우수함. - 안정적인 스프링 특성을 보유하고 있음. - 자체 감쇠성능이 거의 없음.	- 감쇠력이 우수한 납봉과 우수한 성형성/복원력을 가지는 고무의 조합으로 감쇠력/복원력을 동시에 보유한 제품임. - 납봉 항복 이후 고무에 의한 수평성능 발휘 - 타제품과 조합없이 단독으로 사용 가능	- 베어링을 활용한 초조마찰 미끄럼 장치임. - 수평강성이 거의 없어 대변형 확보가 용이함. - 자체 감쇠성능/복원력이 거의 없음.
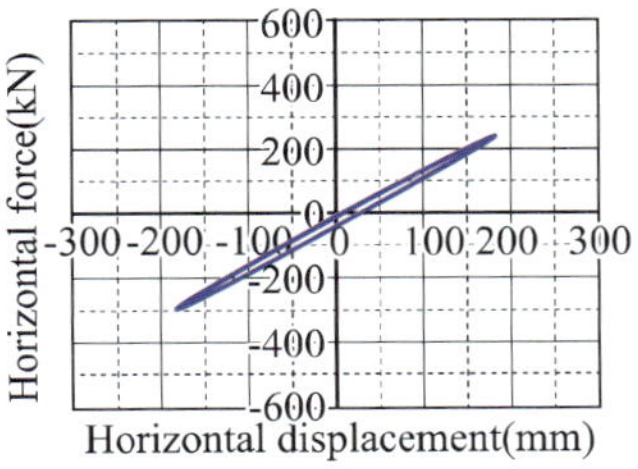	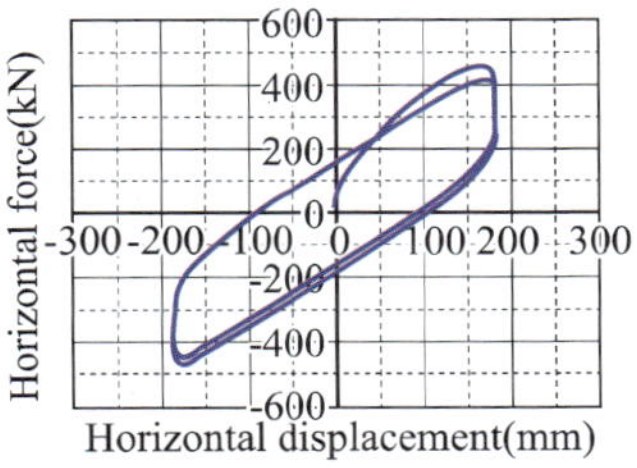	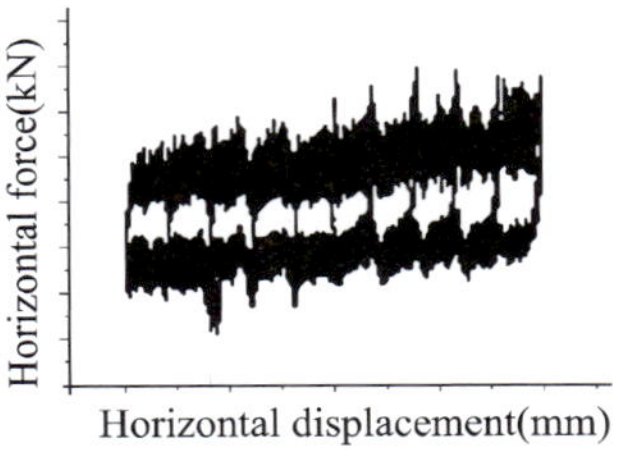
(a) NRB	(b) LRB	(c) IRB

그림 3.13.3 사용된 면진장치

▌ 면진구조 설계 특징 및 유의사항

- 국내 내진설계기준보다 높은 수준의 지진(리히터 규모 7.0)에 저항할 수 있도록 Level 3 지진을 반영하여 장치배치 계획을 수립하였음.
- 면진장치는 인장에 다소 취약한 장치로 인장에 대한 성능목표를 제시하였으나, 구조계획상 장치에 인장이 발생하지 않도록 면진층 배치계획을 수립함.

3.13.3 면진구조 응답해석 및 결과

▌ 입력 지진동

- 국내 내진설계기준(KBC2009)에 따른 설계스펙트럼을 고려하여 각 레벨별 입력지진동의 스케일을 조정함.
- 설계스펙트럼에서 스케일 검토 구간은 ASCE/SEI 7-10 "Chapter 17 SEISMIC DESIGN REQUIREMENTS FOR SEISMICALLY ISOLATED STRUCTURES“을 참고하여 주기의 0.5배 ~ 1.25배로 함.

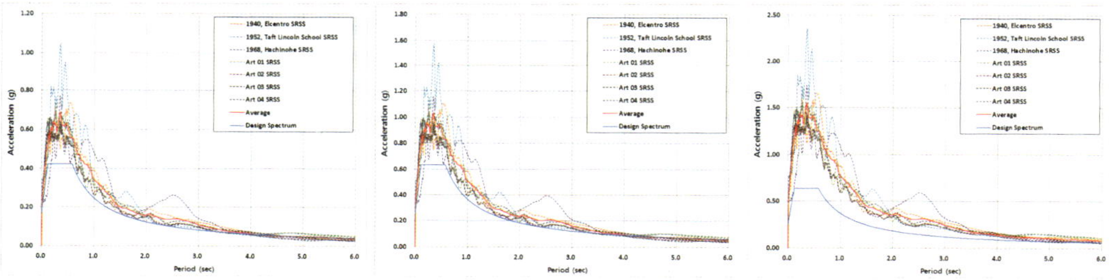

(a) Level 1 (b) Level 2 (c) Level 3

그림 3.13.4 가속도 스펙트럼

▌ 구조해석 프로그램

- MIDAS Gen

▌ 구조부재의 이력모델

- 면진구조는 규정된 지진하중하에서 골조의 탄성거동을 목표로 하고 있으므로, 면진장치를 제외한 구조부재는 탄성부재로 입력함.

면진장치별 이력모델

- NRB : 탄성거동을 하는 장치로 탄성부재로 입력함.
- LRB : 납봉 항복에 따른 소성거동을 하는 장치로 이선형 모델로 입력함.
- IRB : 베어링을 활용한 초저마찰 미끄럼 장치로 수평강성이 거의 없는 장치임.

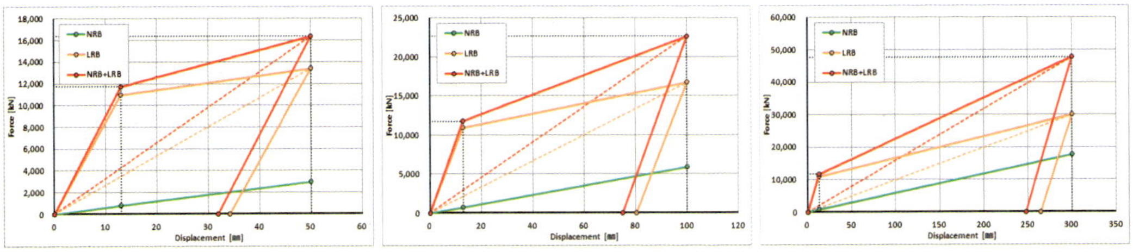

(a) Level 1　(b) Level 2　(c) Level 3

그림 3.13.5 장치이력을 반영한 면진층 이력

면진장치 배치의 적정성 검토

- 각 설계지진 레벨별 장치 강성을 고려한 면진층의 강성 중심과 면진 상부층의 질량 중심 간 편심율 검토 결과, 최대 0.69%(523.0mm)인 것으로 검토됨.

표 3.13.5 강성 및 질량 중심간 편심

	Level 1	Level 2	Level 3
X방향	0.53%(207.6mm)	0.14%(54.4mm)	0.40%(155.0mm)
Y방향	0.42%(322.8mm)	0.53%(407.0mm)	0.69%(523.0mm)

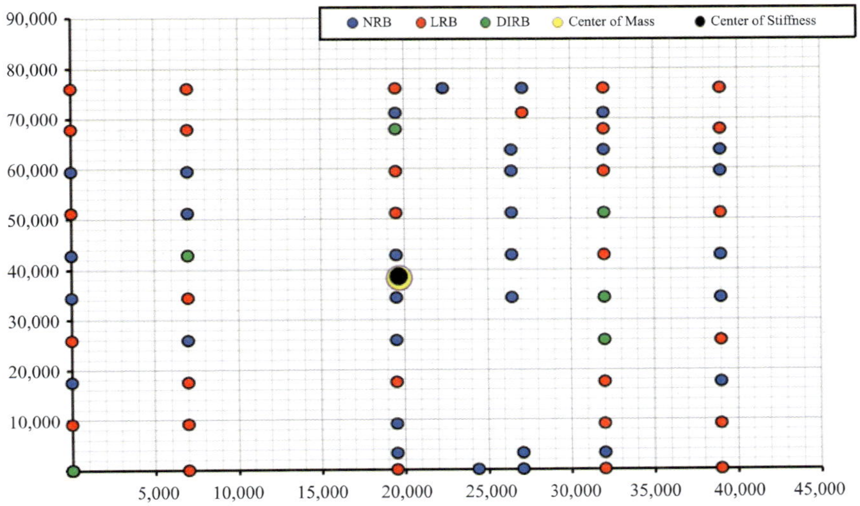

그림 3.13.6 Level 3 편심율 검토 결과

▌시간이력 지진응답해석 결과

• 응답가속도 검토

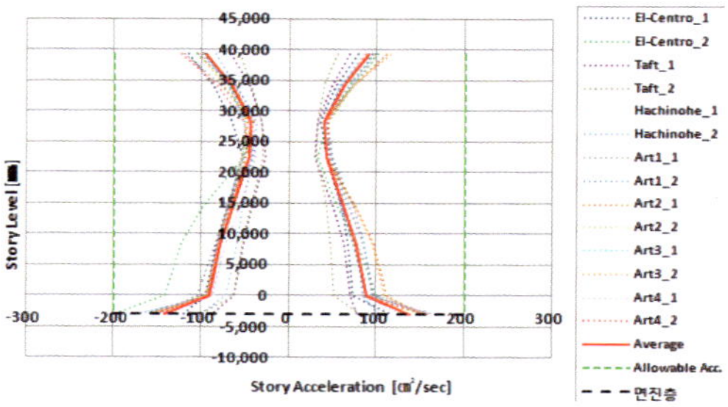

(a) Level 1 (X-dir)

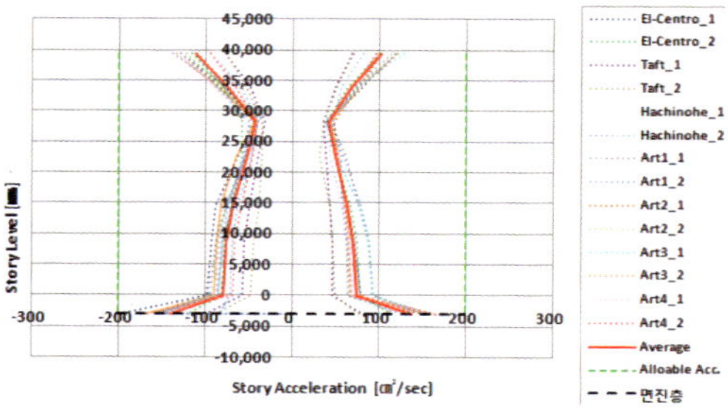

(b) Level 1 (Y-dir)

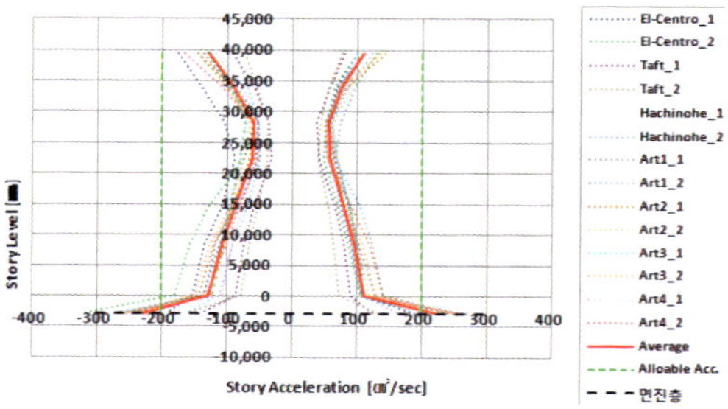

(c) Level 2 (X-dir)

(d) Level 2 (Y-dir)

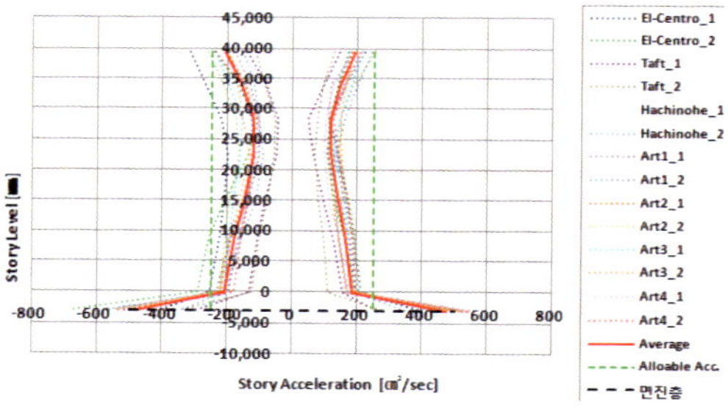

(e) Level 3 (X-dir)

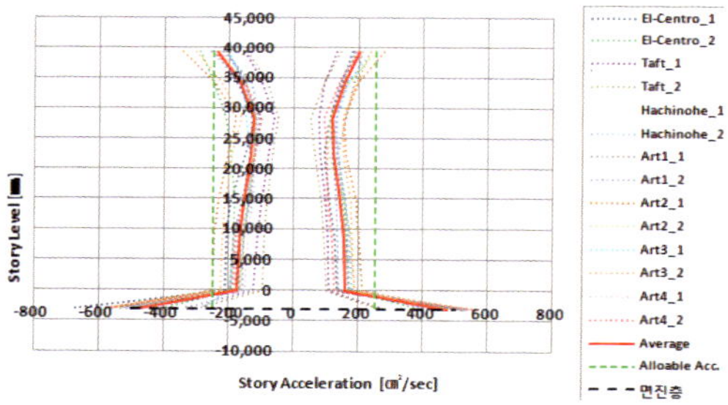

(f) Level 3 (Y-dir)

그림 3.13.7 응답가속도

• 응답변위 검토

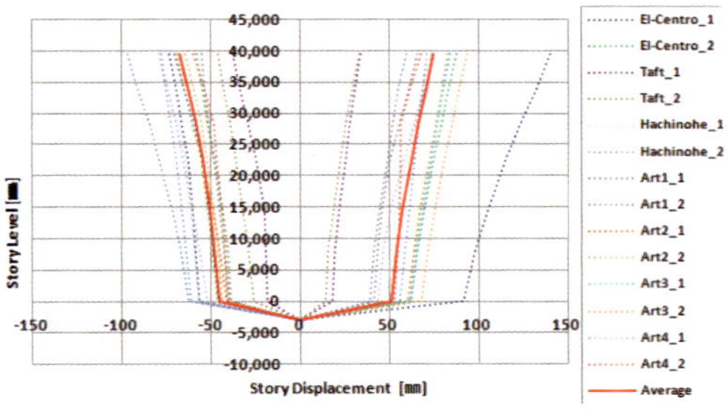

(a) Level 1 (X-dir)

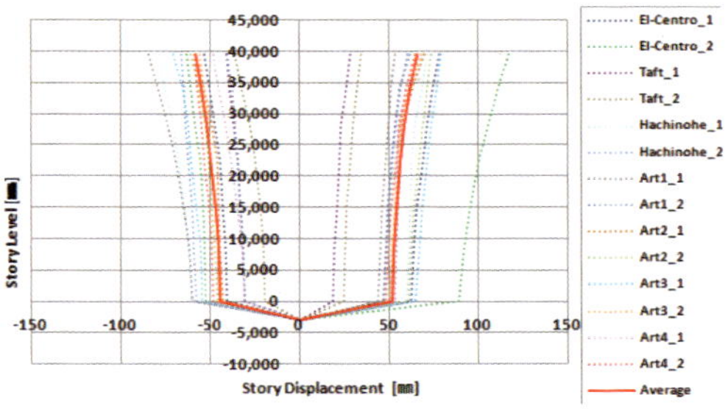

(b) Level 1 (Y-dir)

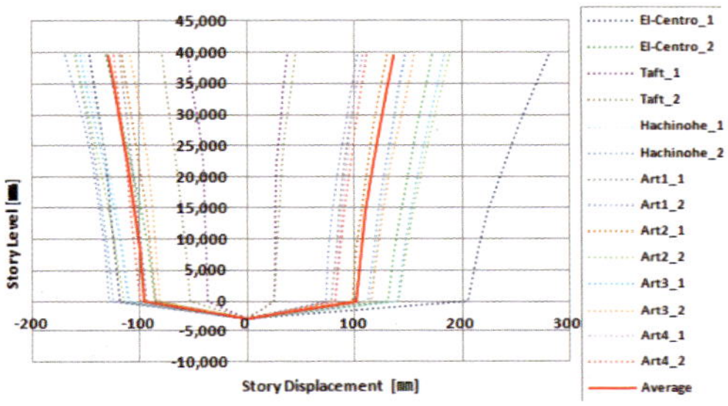

(c) Level 2 (X-dir)

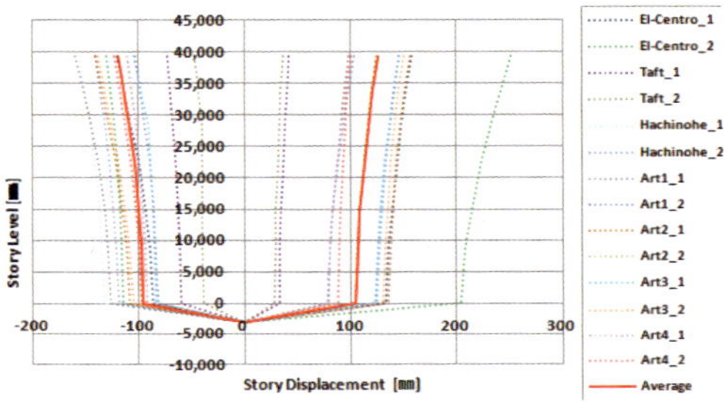

(d) Level 2 (Y-dir)

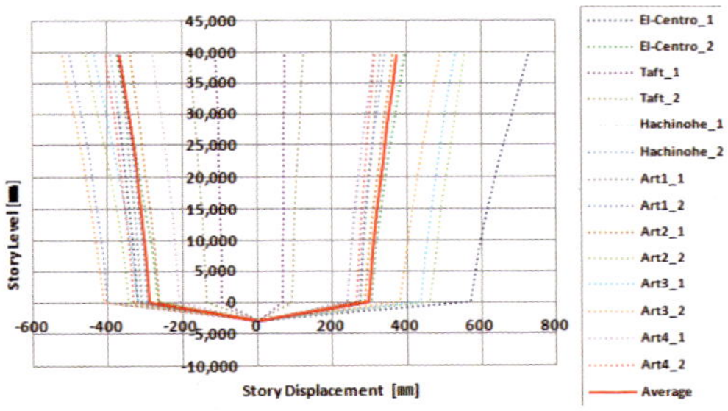

(e) Level 3 (X-dir)

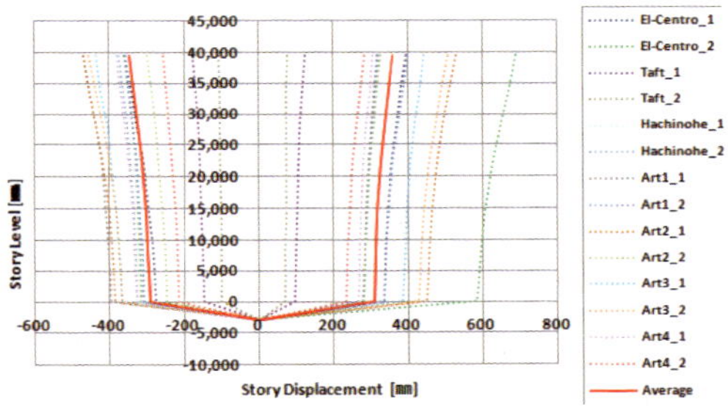

(g) Level 3 (Y-dir)

그림 3.13.8 응답변위

• 응답전도모멘트 검토

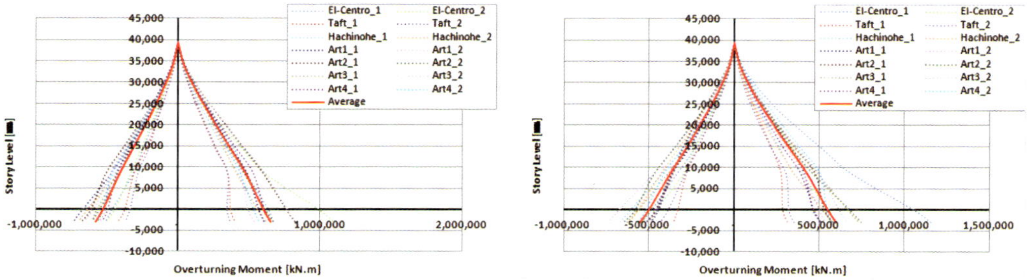

(a) X-dir (b) Y-dir

그림 3.13.9 응답전도모멘트

• 응답전단력 검토

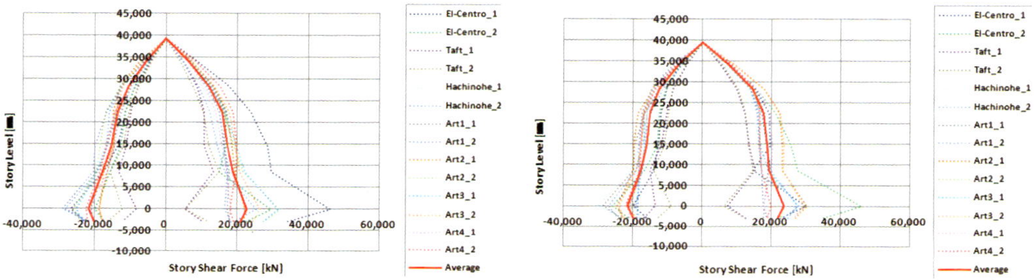

(a) 응답전단력 (X-dir) (b) 응답전단력 (Y-dir)

그림 3.13.10 응답전단력

• 면진장치 면압 검토

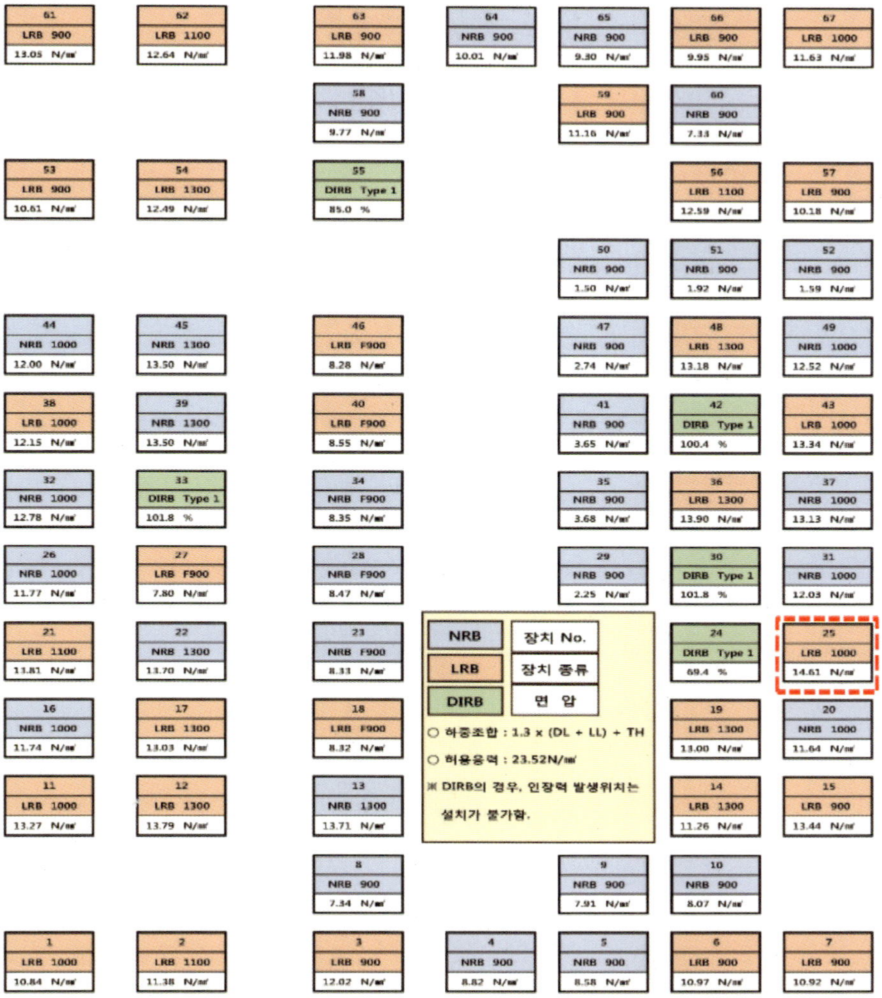

그림 3.13.11 면진장치 면압 검토 결과 (압축)

3.13.4 면진장치의 시공과정

(a) 하부 페데스탈 철근 배근

(b) 하부 베이스플레이트 설치

(c) 거푸집 설치

(d) 페데스탈 무수축몰탈 타설

(e) 페데스탈 보양

(f) 베이스플레이트 면처리

(g) 거푸집 탈형

(h) 면진장치 인양

(i) 면진장치 설치 후 토크치 검사

(j) 면진장치 설치 완료 (NRB)

(k) 면진장치 설치 완료 (DIRB)

(l) 상부 페데스탈 철근 배근

그림 3.13.12 면진장치 시공

3.14 KB국민은행 통합IT센터

KB국민은행 통합IT센터는 IT동 하부에 기초면진을 적용한 면진구조물로, 면진층은 NRB와 LRB, CLB의 조합으로 이루어져 있다. 지진발생 시에도 전산장비 등을 보호하고자 하는 목적으로 적용되었다.

3.14.1 건축개요

그림 3.14.1 전경

표 3.14.1 개요

건축용도	방송통신시설 (데이터센터)		
규모	지상 7층, 지하 1층(면진PIT층)		
건축면적 (연면적)	28,393.28m^2		
상부구조종별	철근콘크리트조, 기초면진		
위치	경기도 김포시 장기동(김포한강신도시)		
준공년도 (시공기간)	2017.05~2019.07		
면진장치 종류	LRB1200,LRB1300, NRB1300,NRB1400, CLB1560TH-2ea		
발주처	KB국민은행	면진장치 제조	유니슨HKR(주)
건축설계	(주)간삼건축	제진장치 제조	-
구조설계	(주)간삼건축	시공	현대건설
면진설계	(주)에코닝	시공감리	삼우CM

3.14.2 건축계획

평면은 전산서버실의 기능을 충실히 할 수 있도록 계획하였다.

단면계획은 전기실과 비상발전기실등의 주요핵심설비도 지진으로부터 기능유지가 가능하도록 면진층 상부인 1층과 2층에 계획하고 전산서버실은 2층 이상에 계획하였다.

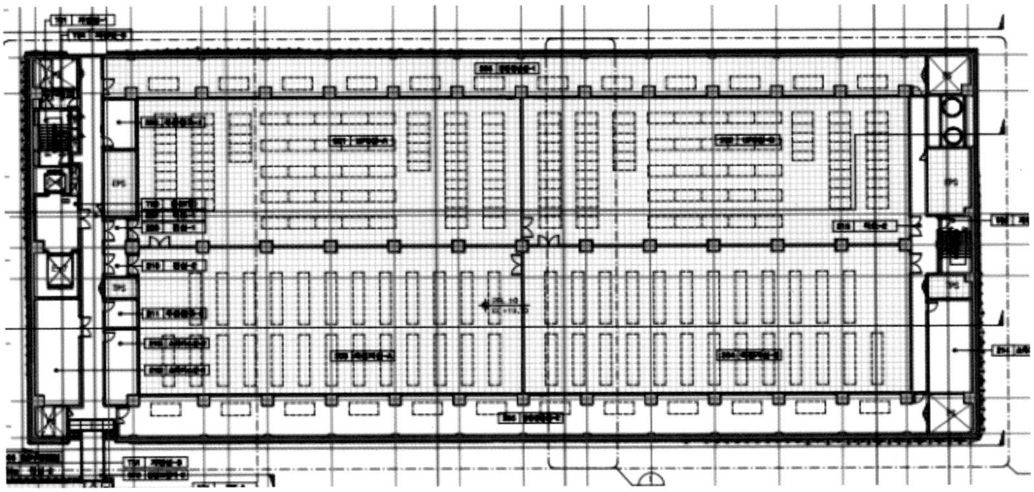

그림 3.14.2 평면도

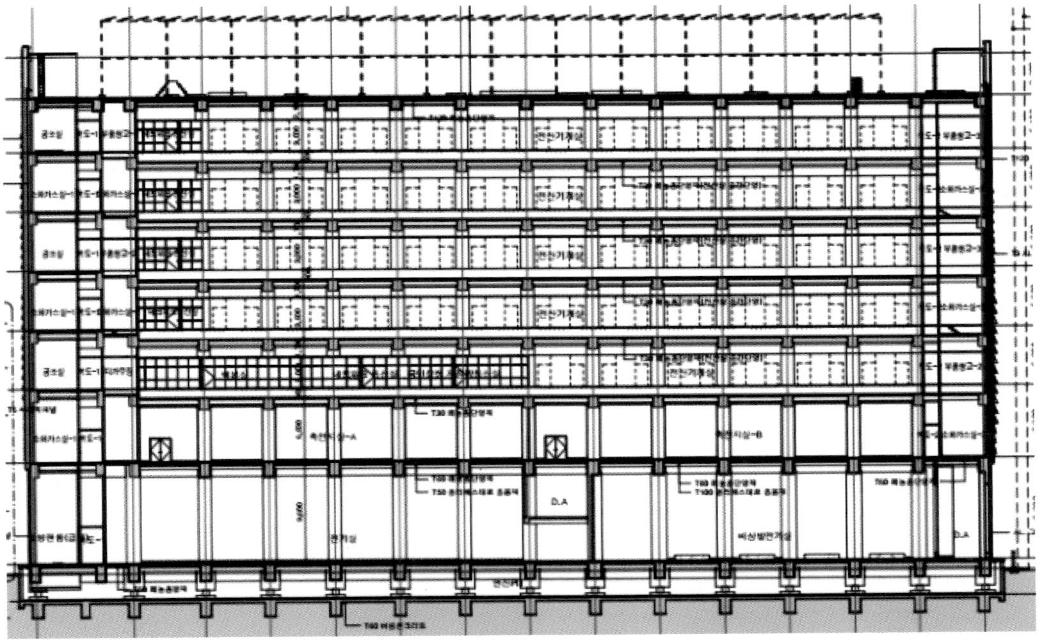

그림 3.14.3 단면도

3.14.3 면진구조계획

▌ 면진구조 성능목표

- 본 건물은 전산센터로 최대고려지진시에도 기능유지가 가능하도록 면진층에서 지진력 저감을 하여 바닥응답가속도가 200gal 이하가 되도록 하였다.
- 최대고려입력지진시에도 비구조부재에 대한 내진설계가 경감되도록 하여 경제성을 확보하였다.

표 3.14.2 성능목표

지진동레벨		설계용지진동 (DBE:2400년재현주기)	최대예상지진동 (MCE:4800년재현주기)
상부 구조	응답가속도	200gal 이하	250gal 이하
	응답층전단력	단기허용응력 이하	단기허용응력 이하
	층간변형각	1/500 이하	1/300 이하
비구조재의 설계		응답가속도, 층간변형각 허용치 이내	주요설비, 기기 및 컴퓨터의 안정가동 허용범위 이내
면진 장치	최대수평변형	안정변형 (150% 이내)	허용변형 이내 (250% 이내)
	인장력	인장발생않음	인장저항장치사용
기초	응답전단력	단기허용응력도 이내	단기허용응력도 이내

▌ 면진층 평면 및 장치 배치계획

- 면진장치는 연직하중의 약 50%를 중앙의 천연고무계면진장치가 지지하고 납봉삽입면진장치를 외곽부에 배치하여 비틀림저항성을 크게하여 편심에 저항하도록 배치하였다. 또한 인장력이 1N/mm^2 이상 발생하는 2개소에는 인장저항능력이 있는 CLB(Cross Linear Bearing)를 배치하여 성능을 확보하였다. 설계기준면압은 13Mpa로 하였다.
- 편심율은 자주발생할 수 있는 작은 지진시 1.2% 내외 드물게 발생하는 최대지진시에는 1% 이하로 매우 안정적으로 거동함을 확인하였다.
- 풍하중에 의한 전단력은 면진층의 항복전단력의 약 67% 수준인 5,017kN로 면진장치가 항복하지 않도록 하였다.
- 상부구조의 층간변형각은 최대고려지진시에도 1/300 이내로 하였다.

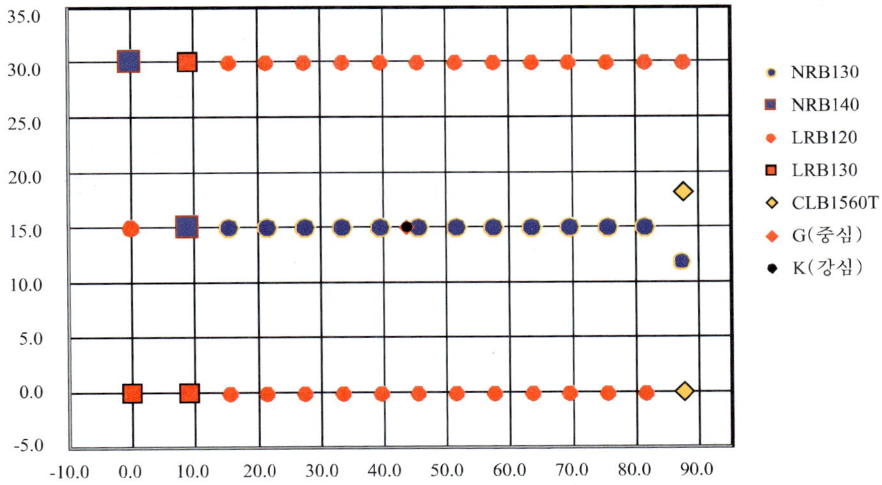

그림 3.14.4 면진장치 배치도

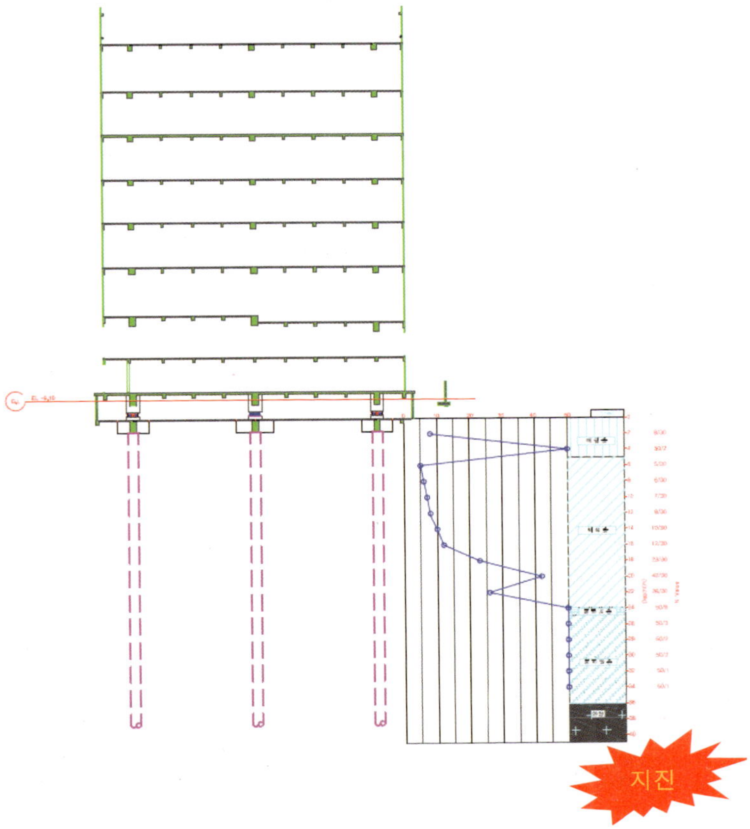

그림 3.14.5 지지지반과 지층구조

▌면진장치 종류 및 성능

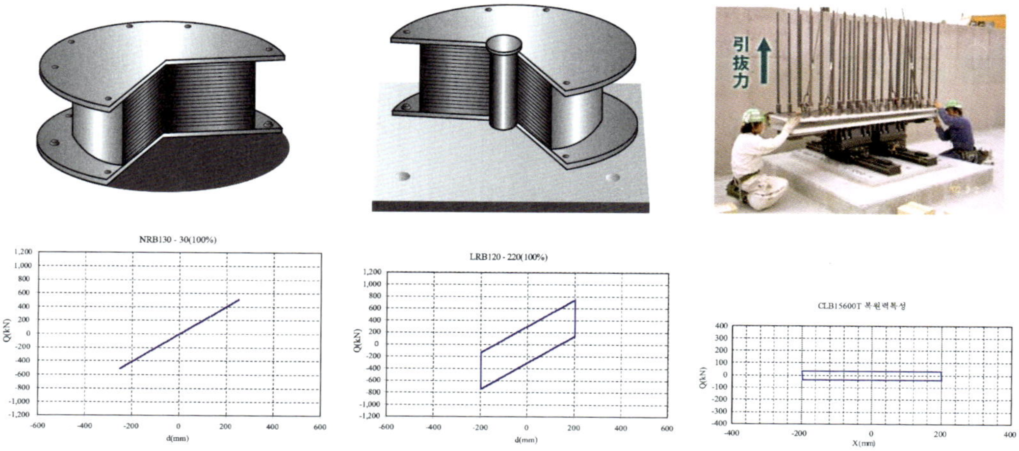

(a) 천연고무계적층고무면진장치(NRB) (b) 납봉삽입적층고무면진장치(LRB) (c) 직선구름운동면진장치(CLB)

그림 3.14.6 사용된 면진장치

- 면진장치는 3종류를 선정하여 최적배치를 하였다.
- 직선구름운동면진장치(CLB)는 인발에 저항하도록 하였고, 또한 수평강성이 매우 작아 지진저감율을 80% 이상으로 하기 위한 가장 효과적인 장치이다.

▌면진구조 설계 특징 및 유의사항

- 진도9 지진발생시 기능유지 성능요구로 최대고려지진동을 진도9로 하고 설계지진동을 설정하였다.
- 전산실 레이아웃에 따른 편심발생등을 검토하였다,
- 비구조부재의 설계는 상부구조의 응답가속도를 적용하여 설계하여 경제성을 확보할 수 있도록 하였다.
- 일부장치에서 인발이 발생하여 인발에 저항할 수 있는 면진장치를 채택하였다.

3.14.4 면진구조 응답해석해석 및 결과

▌입력 지진동

- 입력지진동은 부지응답시간이력해석을 수행하여 지진동을 작성하였다.
- 기반암에서 SD지반 설계가속도스펙트럼을 작성하여 부지응답해석을 실시하였다.
- 설계지진동은 진도9의 지진시에도 핵심설비의 기능유지를 목표로 하였다.

• 건축주 요구사항으로 진도9는 국토교통부 내진능력산정 기준의 별표13을 적용하여 최대고려지진동의 지표면 최대가속도가 0.528g 이상이 되도록 목표포락스펙트럼을 설정하였다. 설계지진동은 최대고려지진동의 1/1.5이 되도록 설정하였다.

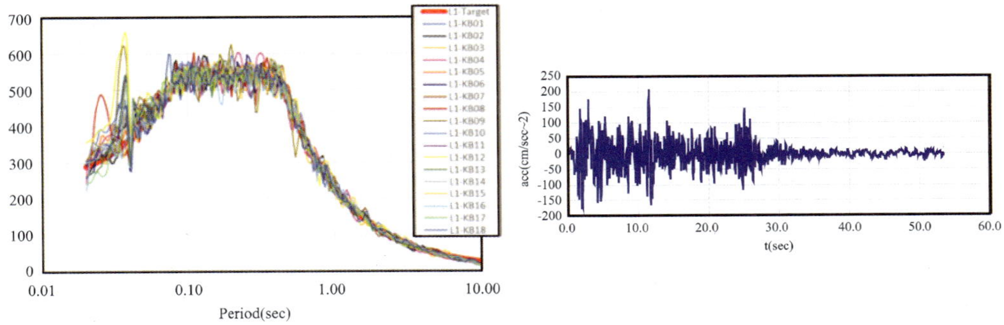

(a) 스펙트럼가속도 (b) 작성한 시간이력 가속도

그림 3.14.7 설계용지진동(DBE)의 스펙트럼가속도

구조해석 프로그램

• 상부구조 응력해석과 단면설계 프로그램 : Midas Gen
• 시간이력 지진응답해석 프로그램 : SNAP 7(KOZO System)
• 부지응답해석 프로그램 : SNAP-Wave(KOZO System), ECO-Wave((주)에코닝 작성)

구조부재의 이력모델

• 상부구조의 하중증분해석 결과 각 층별 Skeleton Curve는 그림 3.14.8과 같다.

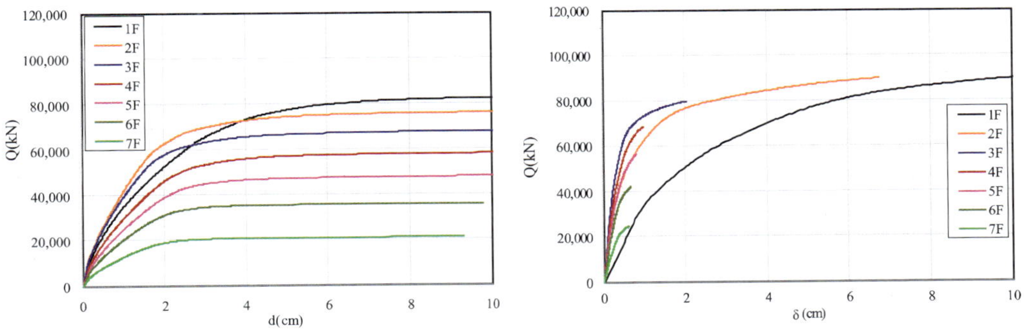

(a) X방향 (b) Y방향

그림 3.14.8 복원력

▌ 면진장치별 이력모델

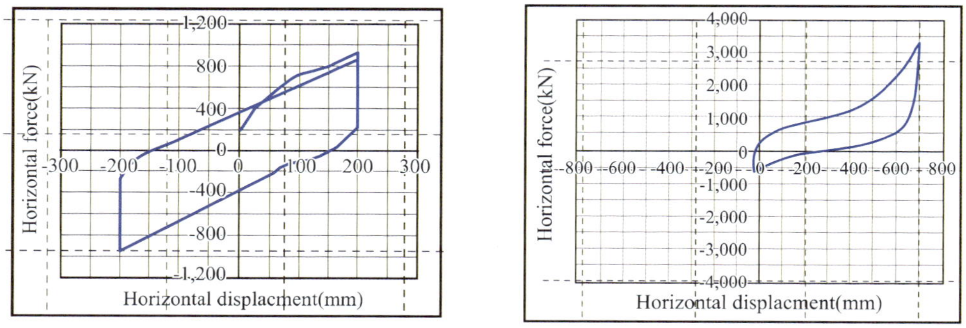

(a) LRB1300, 100% (±200.1mm)　　(b) LRB1300, 350% (700.35mm)

그림 3.14.9 전단시험

• 그림 3.14.9(a)는 Production Test에 의한 면진장치의 이력특성이다.

• 그림 3.14.9(b)는 Proto Type Test 전단변형율 350%(700mm)에 대한 한계전단변형 시험의 이력특성이다.

▌ 면진장치배치의 적정성검토

• 면진장치 배치후 변형단계별 편심율을 검토하여 편심율이 3% 이하가 되도록 하였으며 그림에서 250% 전단변형시(최대고려지진시) 편심율이 X방향은 0.3%, Y방향은 1.0% 임을 확인하였다.

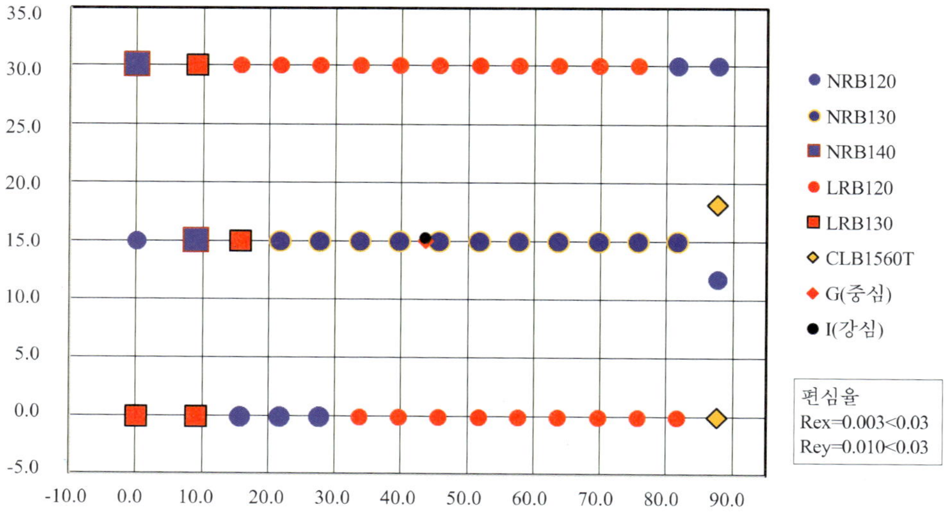

그림 3.14.10 장치배치 적정성 검토

▌시간이력 지진응답해석 결과

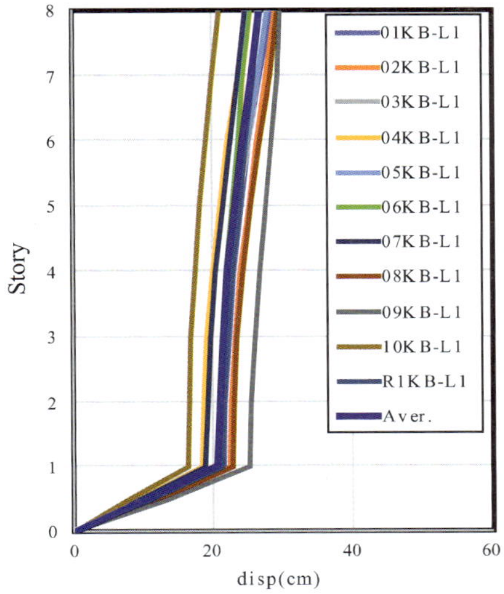

(a) 최대응답변위

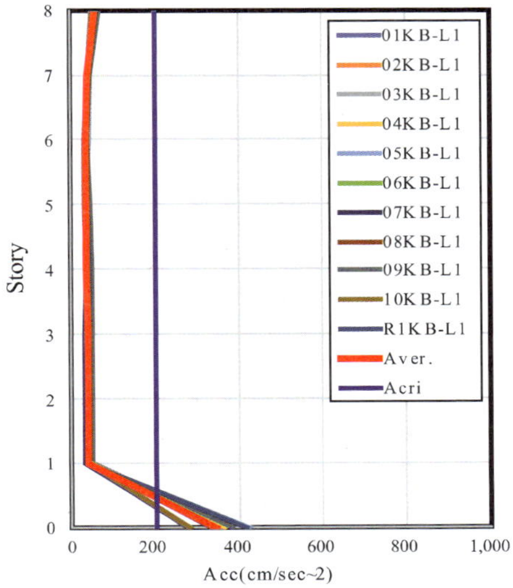

(b) 최대응답가속도

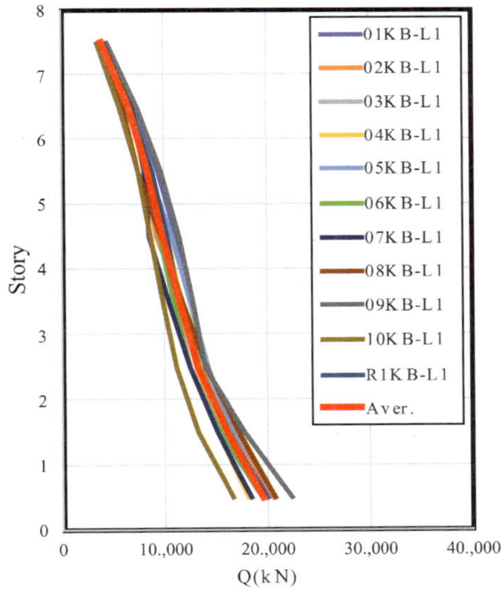

(c) 최대응답전단력

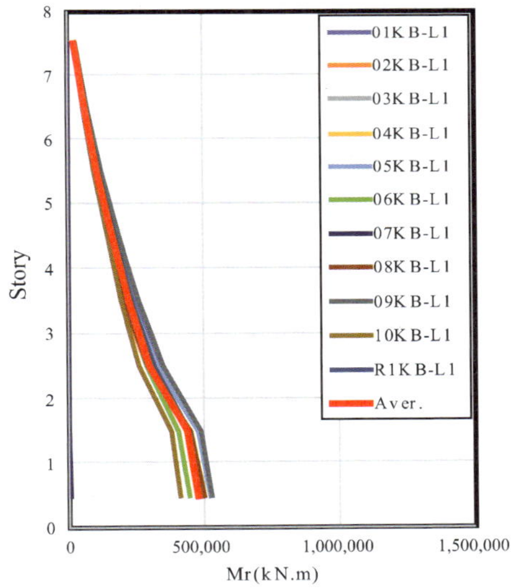

(d) 최대응답전도모멘트

그림 3.14.11 DBE LEVEL 입력시-X방향

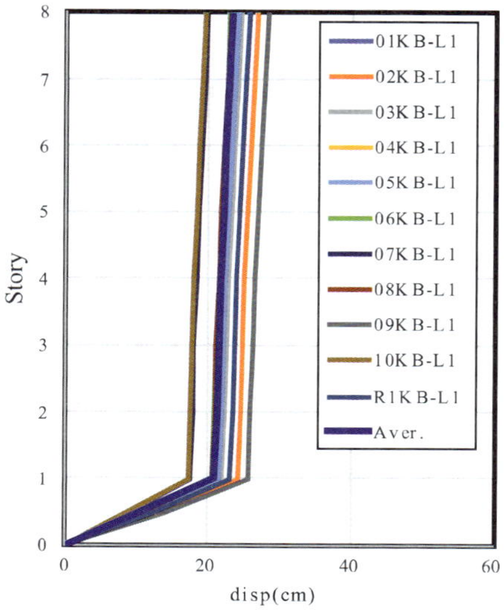

(a) 최대응답변위

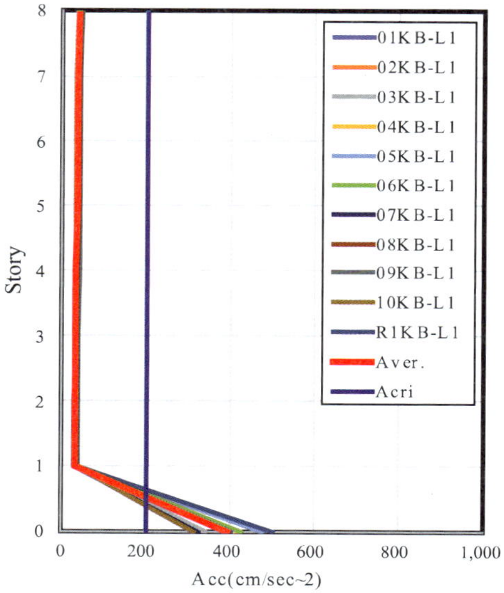

(b) 최대응답가속도

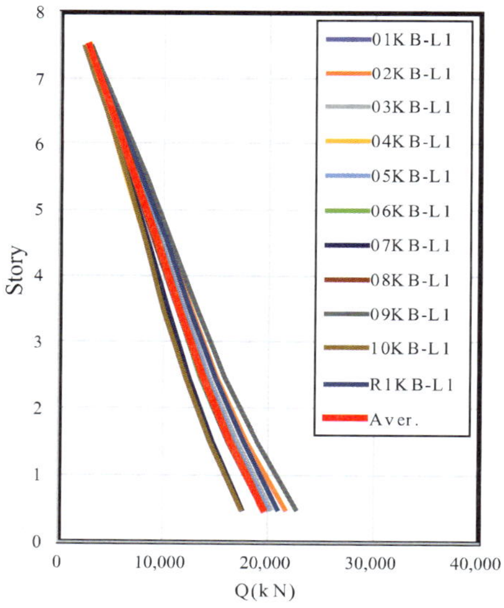

(c) 최대응답전단력

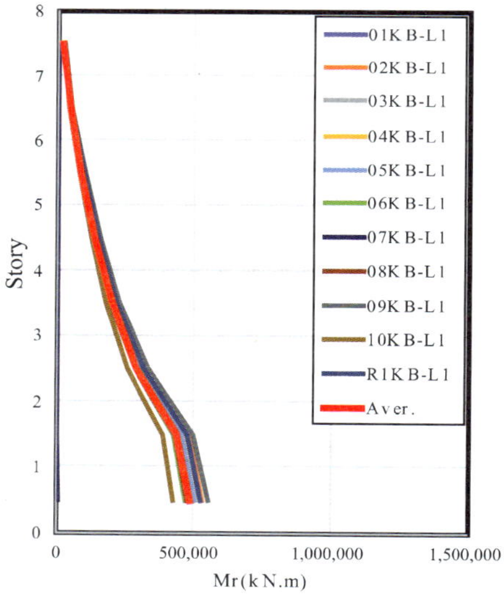

(d) 최대응답전도모멘트

그림 3.14.12 DBE LEVEL 입력시-Y방향

고유치해석에 의한 고유모드

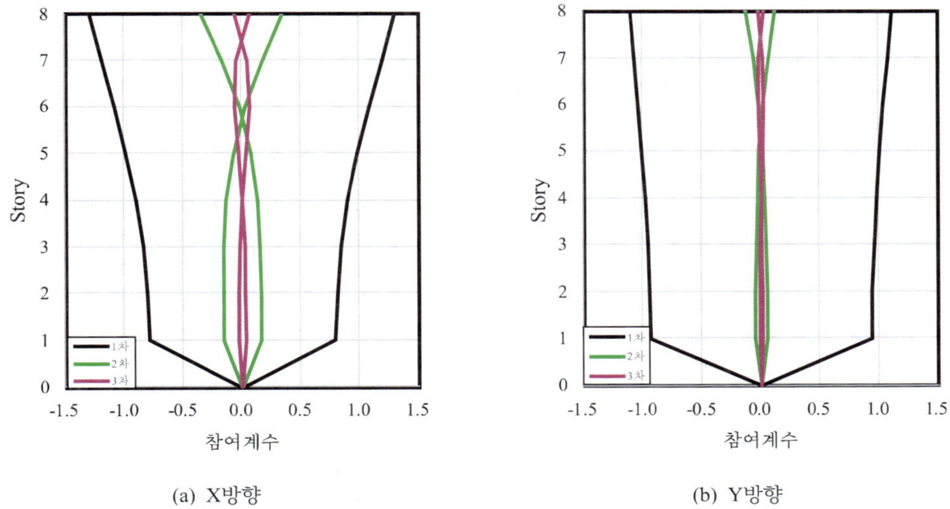

그림 3.14.13 모드참여

표 3.14.3 고유주기

고유주기	X방향(sec)			Y방향(sec)		
	1st	2nd	3rd	1st	2nd	3rd
기초 고정	0.918	0.31	0.193	0.998	0.340	0.216
50mm (25% 변형시)	3.999	1.701	0.968	3.462	0.928	0.492
100mm (50% 변형시)	4.451	1.762	0.975	4.012	0.937	0.493
200mm (100% 변형시)	4.926	1.804	0.980	4.549	0.942	0.494
300mm (150% 변형시)	5.140	1.817	0.981	4.785	0.944	0.494
400mm (200% 변형시)	5.275	1.825	0.982	4.933	0.944	0.494

* 면진층을 포함한 전체 고유주기(면진층만의면진고유주기가아님)

3.14.5 면진장치의 Prototype Test 및 Production Test

면진장치는 시제품시험(Prototype test)과 전수검사(Production test)를 실시하였으며, 시제품시험은 공인시험기관인 한국건설생활환경시험연구원에서 실시하였다.

그림 3.14.14 면진장치 시제품시험

3.14.6 면진장치의 시공과정

면진장치의 시공은 사전 Mockup을 실시하여 그라우트재의 배합비와 타설시 공극발생현황을 사전검토하여 실시하였다.

그림 3.14.15 목업시공에 의한 충진율의 확인

(a) 하부 페데스탈 철근 배근

(b) 하부 베이스플레이트 설치

(c) 거푸집 설치

(d) 페데스탈 무수축몰탈 타설

(e) 페데스탈 보양

(f) 면진장치 인양

(g) 면진장치 설치완료(LRB)

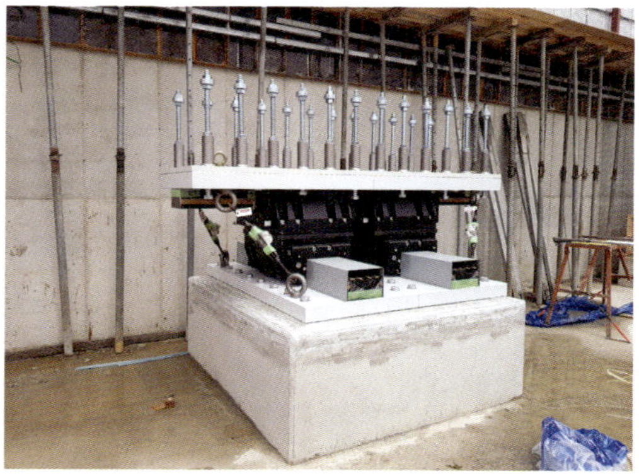

(h) 면진장치 설치완료(CLB)

(i) 상부 페데스탈 철근 배근

(j) 상부 골조 시공 완료

(k) 상부 골조 시공 완료

(l) 상부 골조 시공 완료

그림 3.14.16 면진장치 시공

3.14.7 준공 후 사진

그림 3.14.17 준공후 전경

그림 3.14.18 서버실 내부

찾아보기

집필진

오상훈

학력 1989.02 한양대학교 공과대학 건축공학과 졸업(공학사)
1991.02 한양대학교 대학원 건축공학과 석사과정 졸업(공학석사)
1995.03 동경대학교 대학원 건축학전공 석사과정 졸업(공학석사)
1998.03 동경대학교 대학원 건축학전공 박사과정 졸업(공학박사)

경력 1998.09~2008.02 (재)포항산업과학연구원(RIST) 강구조연구소 책임연구원
2008.03~현재 부산대학교 건설융합학부 교수
2004.03~현재 (사)한국면진제진협회 회장

최민호

학력 1992.02 동아대학교 공과대학 건축공학과 졸업(공학사)
1996.02 동아대학교 대학원 건축공학과 석사과정 졸업(공학석사)
2001.04 캔터베리대학교 대학원 토목공학과 석사과정 졸업(공학석사)
2008.04 캔터베리대학교 대학원 토목공학과 박사과정 졸업(공학박사)

경력 2008.05~2008.12 캔터베리대학교 토목공학과 박사후연구원
2009.03~2014.02 연변과학기술대학 건축예술학부 부교수
2014.03~현재 계명대학교 건축토목공학부 부교수
2018.03~현재 (사)한국면진제진협회 이사(설계기준위원회 위원장)

차문례

학력 1997.02 동의대학교 공과대학 건축공학과 졸업(공학사)
2000.02 동의대학교 대학원 건축공학과 석사과정 졸업(공학석사)

경력 2000~2014 (주)일구조 기술사사무소 이사
2014~현재 유니슨HKR(주) 건설사업본부 이사
2020~현재 (사)한국면진제진협회 이사(국제협력위원회 부위원장)

김영주

학력 1999.02 충북대학교 공과대학 건축공학과 졸업(공학사)
2001.02 한양대학교 대학원 건축공학과 석사과정 졸업(공학석사)
2005.08 한양대학교 대학원 건축학전공 박사과정 졸업(공학박사)

경력 2005~2006 (재)포항산업과학연구원(RIST) 위촉연구원
2007~2010 고려대학교 건축사회환경공학과(BK) 계약교수
2010~2016 DRB동일 면진제진사업팀 연구소장, 팀장
2016~2017 한국방재기술 R&D센터 연구소장
2018~현재 (주)한국건축구조연구원 대표이사

김희균

학력 2000.02 대구대학교 공과대학 건축공학과 졸업(공학사)
2003.09 요코하마국립대학 대학원 공학부 사회공간시스템학전공(공학석사)
2007.03 요코하마국립대학 대학원 공학부 사회공간시스템학전공(공학박사)

경력 2007~2010, 2012~2014 Kyoritsu Industries Co., Ltd.
2010~2012 (주)MakMax Korea 이사
2015~2018 KOZO KEIKAKU ENGINEERING Inc.
2019~현재 (주)에코닝 연구소장
2019~현재 (사)한국공간구조학회 이사(대공간건축기술인증원 부원장)

임지혜

학력 2010.02 동아대학교 공과대학 건축공학과 졸업(공학사)
2012.02 동아대학교 대학원 건축공학과 석사과정 졸업(공학석사)

경력 2012.01~2022.04 (주)DRB동일 엔지니어링사업팀 매니저
2022.05~현재 동일고무벨트(주) 엔지니어링사업팀 매니저

한국의 면진건축 정가 20,000원

저자 : (사)한국면진제진협회

발행인 : 임해진
발행처 : 도서출판 구미서관

발행 : 2023년 7월 10일

등록 : 1979년 6월 29일 No.9-6호
주소 : 서울시 마포구 신촌로 2길 5-15 구미빌딩
전화 : 02-333-1101
팩스 : 02-335-2201
http://www.goomibook.com

ISBN 979-11-6257-265-8 (93540)